JN066021

技術士第二次試験

「電気電子部門」

論文作成のための必修知識

福田　遵【著】

日刊工業新聞社

はじめに

技術士第二次試験の筆記試験は、午前中の必須科目（Ⅰ）と午後の選択科目にわけて試験が実施されます。必須科目（Ⅰ）は技術部門全般を対象とし、選択科目は受験者が申込書提出時点で選択した選択科目を対象とした問題が出題されます。しかし、重要なのは、選択科目が、専門知識問題の選択科目（Ⅱ－1）と応用能力問題の（Ⅱ－2)、そして、問題解決能力と課題遂行能力を問われる選択科目（Ⅲ）という3つの問題の合計点で合否が決定されるのに対して、必須科目（Ⅰ）は2問出題された問題の中から1問を選択して解答した答案結果だけで合否判定がなされる点です。技術士試験では、すべての試験で科目合格制がとられていますので、必須科目（Ⅰ）で解答した問題の内容で60％以上の評価が得られなければ、その年度の試験の不合格がその時点で確定します。しかも、必須科目（Ⅰ）は午前中に実施される試験ですので、ここで不合格が確定してしまうということは、午後の選択科目（Ⅱ＆Ⅲ）は単に参加するだけの結果になります。そういった点で、必須科目（Ⅰ）は非常に重要な試験科目である点を受験者は強く認識しなければなりません。

次に重要な点は、必須科目（Ⅰ）が技術部門に属するすべての選択科目を受験する人たちを対象としているのにもかかわらず、問題がたった2問しか出題されないという点です。そのため、技術部門に属するすべての選択科目の受験者が取り組める問題を出題しなければならないという条件から、問題文の記述が非常におおざっぱというか、あいまいな記述になっている場合が多くあります。その結果、問題の読解力に加えて、問題の内容をかみ砕いて自分の選択科目および専門とする事項に近い内容に設定しなおす想像力が必要となります。さらに、出題されている問題は最近の社会や技術動向を反映した内容となっていますので、そういった動向をしっかりとらえていないと、問題の出題趣旨をくみ取れない結果となります。技術士第二次試験では、採点基準がキーワードと出題内容が対象としている事象の例示程度で示されており、加点方式で評価がなされますので、問題の趣旨を外すということは、評価事項に不適合となり、点が伸びないという結果になります。それは、必須科目（Ⅰ）の不合格を意味します。

しかも、必須科目（Ⅰ）では、多面的に課題を抽出することが求められますので、安全性、信頼性、経済性などの基本的な視点での課題が示せるだけではなく、社会や環境などの変化を加味した多面的な視点で解析できるかどうかが重要な点となります。そういった解答条件にあった答案を作成できるようになるためには、必須科目（Ⅰ）の問題として出題される可能性のある社会変化や技術革新の状況を把握するキーワードを頭に入れておく必要があります。そういった事前の勉強ができていないと、いつまでたっても技術士第二次試験の合格を手に入れることはできません。しかも、そういった内容については、多くの受験者がある程度知見をすでに持っていると考えがちです。しかし、白書などに示されている客観的な状況説明を把握していないと、思い込みや思い違いで答案を作成してしまう結果になりかねません。このような内容の把握には、多くの資料やニュースの内容把握が必要ですが、それらを1冊に集約してみようというのが本著のテーマです。しかも、その内容は選択科目（Ⅲ）にも応用できますので、受験者にとって有意義な内容になることは間違いありません。ここに示された内容を読むと、項目的には受験者としては知っているという内容も多いのでしょうが、それでは的確に把握しているかというと、そうでもない項目は多いと思います。そういった点で、ある程度知識がある項目でも、正確な復習をするために、本著を活用してもらえればと思います。

2023年1月

福田　遵

目　次

第3章 環境問題 53

第4章　エネルギー・資源　81

第5章　災害・危機管理　113

第6章　科学技術　143

第7章　社会構造変革　169

増補章　選択科目（Ⅲ）　201

第1章

技術士第二次試験について

現在の技術士第二次試験の筆記試験では、すべて記述式問題が出題されています。平成12年度試験までの筆記試験の解答文字数は12,000字でしたが、その後の3回の改正のたびに解答文字数が削減され、令和元年度の改正で5,400字の解答文字数となりました。そのため、受験者の負担は大幅に少なくなっています。また、現在の試験では、各試験科目に対して、「概念」、「出題内容」、「評価項目」が示されましたので、平成12年度試験以前の問題のように思いがけないテーマが出題されるような場面はなくなりました。そのため、問題の当たりはずれによる不合格がなくなり、日頃、自分の仕事を論理的に遂行しており、社会情勢や技術動向に興味を持って勉強している受験者であれば、合格できる答案が作成できる内容になってきています。なお、技術士第二次試験は、総合点で合否が判定されるのではなく、科目合格制をとっています。具体的には、午前に実施される必須科目（Ⅰ）と午後に実施される選択科目（Ⅱ＆Ⅲ）のそれぞれで合否判定が実施され、両方で合格点をとった受験者が合格となります。そういった点で、午前に実施される必須科目（Ⅰ）の論文のでき具合が、筆記試験の第一関門としての重要性を持っていることを強く認識する必要があります。その必須科目（Ⅰ）に対処するには、必須となる知識があります。それらを本著では解説したいと思います。

その前に、技術士および技術士試験制度についてここで確認しておきたいと思います。

1. 技術士とは

技術士第二次試験は、受験者が技術士となるのにふさわしい人物であるかどうかを判定するために行われる試験ですので、まず目標となる技術士とは何か、を知っていなければなりませんし、技術士制度についても十分理解をしておく必要があります。

技術士法は昭和32年に制定されましたが、技術士制度を制定した理由としては、「学会に博士という最高の称号があるのに対して、実業界でもそれに匹敵する最高の資格を設けるべきである。」という実業界からの要請でした。この技術士制度を、公益社団法人日本技術士会で発行している『技術士試験受験のすすめ』という資料の冒頭で、次のように示しています。

技術士制度とは

技術士制度は、「科学技術に関する技術的専門知識と高等の専門的応用能力及び豊富な実務経験を有し、公益を確保するため、高い技術者倫理を備えた、優れた技術者の育成」を図るための国による技術者の資格認定制度です。

次に、技術士制度の日的を知っていなければなりませんので、それを技術士法の中に示された内容で見ると、第1条に次のように明記されています。

技術士法の目的

「この法律は、技術士等の資格を定め、その業務の適正を図り、もって科学技術の向上と国民経済の発展に資することを目的とする。」

昭和58年になって技術士補の資格を制定する技術士法の改正が行われ、昭和59年からは技術士第一次試験が実施されるようになったため、技術士試験は技術士第二次試験と改称されました。しかし、当初は技術士第一次試験に合格しなくても技術士第二次試験の受験ができましたので、技術士第一次試験の受験者が非常に少ない時代が長く続いていました。それが、平成12年度試験制度改正によって、平成13年度試験からは、技術士第一次試験の合格か、認定された教育機関の修了が第二次試験の受験資格となりました。その後は二段階選抜が定着して、多くの若手技術者が早い時期に技術士第一次試験に挑戦するという慣習が広がってきています。

次に、技術士とはどういった資格なのか、について説明します。その内容については、技術士法第2条に、次のように定められています。

技術士とは

「技術士とは、登録を受け、技術士の名称を用いて、科学技術（人文科学のみに係るものを除く。）に関する高等の専門的応用能力を必要とする事項についての計画、研究、設計、分析、試験、評価又はこれらに関する指導の業務（他の法律においてその業務を行うことが制限されている業務を除く。）を行う者をいう。」

技術士になると建設業登録に不可欠な専任技術者となるだけではなく、各種国家試験の免除などの特典もあり、価値の高い資格となっています。具体的に、電気電子部門の技術士に与えられる特典には、次のようなものがあります。

①　建設業の専任技術者
②　建設業の監理技術者
③　建設コンサルタントの技術管理者
④　鉄道の設計管理者
⑤　労働計画期間の特例

その他に、以下の国家試験で一部免除があります。

①　弁理士

② 労働安全コンサルタント

③ 電気工事施工管理技士

④ 消防設備士

また、技術士には名刺に資格名称を入れることが許されており、ステータスとしても高い価値があります。技術士の英文名称はProfessional Engineer, Japan (PEJ) であり、アメリカやシンガポールなどのPE (Professional Engineer) 資格と同じ名称になっていますが、これらの国のように業務上での強い権限はまだ与えられていません。しかし、実業界においては、技術士は高い評価を得ていますし、資格の国際化の面でも、APECエンジニアという資格の相互認証制度の日本側資格として、一級建築士とともに技術士が対象となっています。

2. 技術士試験制度について

(1) 受験資格

技術士第二次試験の受験資格としては、技術士第一次試験の合格が必須条件となっています。ただし、認定された教育機関（文部科学大臣が指定した大学等）を修了している場合は、第一次試験の合格と同様に扱われます。文部科学大臣が指定した大学等については毎年変化がありますので、公益社団法人日本技術士会ホームページ（https://www.engineer.or.jp）で確認してください。技術士試験制度を図示すると、**図表 1.1** のようになります。本著では、電気電子部門の受験者を対象としているため、総合技術監理部門についての受験資格は示しませんので、総合技術監理部門の受験者は受験資格を別途確認してください。

受験資格としては、修習技術者であることが必須の条件となります。それに加えて、次の3条件のうちの1つが当てはまれば受験は可能となります。

① 技術士補として登録をして、指導技術士の下で4年を超える実務経験を経ていること。

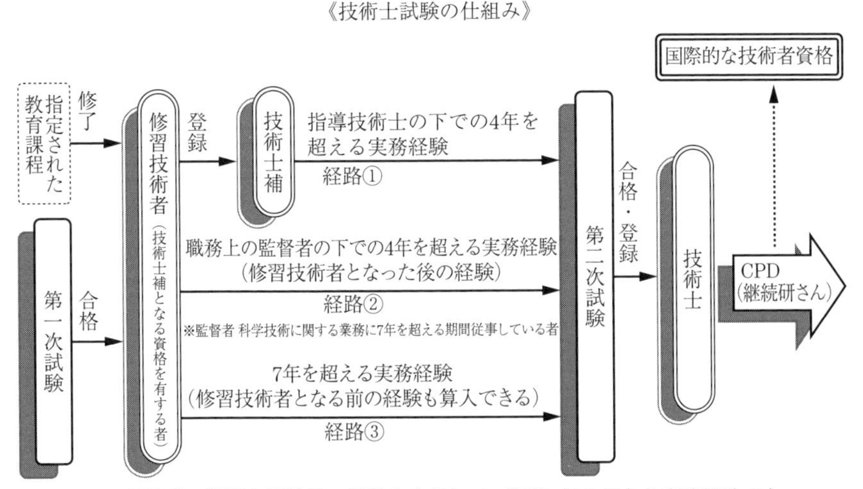

経路①の期間と経路②の期間を合算して、通算4年を超える実務経験でも第二次試験を受験できます。

図表1.1　技術士試験の全容

②　修習技術者となって、職務上の監督者の下で4年を超える実務経験を経ていること。

（注）職務上の監督者には、企業などの上司である先輩技術者で指導を行っていれば問題なくなれます。その際には、監督者要件証明書が必要となりますので、受験申込み案内を熟読して書類を作成してください。

③　技術士第一次試験合格前も含めて、7年を超える実務経験を経ていること。

技術士第二次試験を受験する人の多くは、技術士第一次試験に合格し、経験年数7年で技術士第二次試験を受験するという③のルートです。このルートの場合には、経験年数の7年は、技術士第一次試験に合格する以前の経験年数も算入できますし、その中には大学院の課程での経験も2年間までは含められますので、技術士第一次試験合格の翌年にも受験が可能となる人が多いからです。

(2) 技術部門

技術士には21の技術部門があり、それぞれの技術部門で複数の選択科目が定められています。技術士第二次試験は、その選択科目ごとに試験が実施されます。

技術部門の中で、21番目の技術部門である総合技術監理部門では、それ以外の20の技術部門の選択科目に対応した69の選択科目が設定されており、実質上、各技術部門の技術士の中でさらに経験を積んで、総合的な視点で監理ができる技術士という位置づけになっており、受験資格でも、他の技術部門よりも長い経験年数が設定されています。最近では、技術士になった人の多くが、最終的に総合技術監理部門の試験を受験する傾向になっています。

(3) 電気電子部門の選択科目

電気電子部門の選択科目は5つあり、その内容は令和元年度試験より**図表1.2**のように定められました。

図表1.2　電気電子部門の選択科目

選択科目	選択科目の内容
電力・エネルギーシステム	発電設備、送電設備、配電設備、変電設備その他の発送配変電に関する事項 電気エネルギーの発生、輸送、消費に係るシステム計画、設備計画、施工計画、施工設備及び運営関連の設備・技術に関する事項
電気応用	電気機器、アクチュエーター、パワーエレクトロニクス、電動力応用、電気鉄道、光源・照明及び静電気応用に関する事項 電気材料及び電気応用に係る材料に関する事項
電子応用	高周波、超音波、光、電子ビームの応用機器、電子回路素子、電子デバイス及びその応用機器、コンピュータその他の電子応用に係るシステムに関する事項 計測・制御全般、遠隔制御、無線航法等のシステム及び電磁環境に関する事項 半導体材料その他の電子応用及び通信線材料に関する事項

情報通信	有線、無線、光等を用いた情報通信（放送を含む。）の伝送基盤及び方式構成に関する事項 情報通信ネットワークの構成と制御（仮想化を含む。）、情報通信応用とセキュリティに関する事項 情報通信ネットワーク全般の計画、設計、構築、運用及び管理に関する事項
電気設備	建築電気設備、施設電気設備、工場電気設備その他の電気設備に係るシステム計画、設備計画、施工計画、施工設備及び運営に関する事項

(4) 合格率

受験者にとって心配な合格率の現状について示しますが、技術士第二次試験の場合には、途中で棄権した人も欠席者扱いになりますので、合格率は「対受験者数比」（**図表 1.3**）と「対申込者数比」（**図表 1.4**）で示します。「対受験者数比」の数字を見ても厳しい試験と感じますが、「対申込者数比」を見ると、さらにその厳しさがわかると思います。

なお、この表で「技術士全技術部門平均」の欄は総合技術監理部門以外の技術部門の平均を示しています。総合技術監理部門の受験者は、技術士資格をすでに持っている人がほとんどですので、これよりも高い合格率になっています。しかし、技術士が受験者のほとんどとはいっても、合格率は少し高い程度でしかありません。

このように、同じ選択科目であっても、試験年度によって合格率に変動がありますので、自分が受験する選択科目の合格率の変動値を参考にして勉強をしてください。なお、どの選択科目で合格しても電気電子部門の技術士として平等に扱われますので、受験する選択科目で悩んだ場合には、この合格率を参考にして選択科目を選ぶのもよいでしょう。

図表 1.3　対受験者数比合格率

選択科目	令和 3 年度	令和 2 年度	令和元年度	平成 30 年度	平成 29 年度
電力・エネルギーシステム	7.7 %	17.6 %	17.6 %	13.9 %	11.1 %
電気応用	10.6 %	14.7 %	10.1 %	13.0 %	12.5 %
電子応用	11.8 %	11.8 %	9.8 %	14.6 %	21.8 %
情報通信	8.8 %	10.8 %	10.5 %	12.3 %	11.4 %
電気設備	11.1 %	11.9 %	12.8 %	12.4 %	15.9 %
電気電子部門全体	10.0 %	12.9 %	12.2 %	12.9 %	14.4 %
技術士全技術部門平均	11.2 %	11.8 %	11.0 %	9.5 %	13.9 %

図表 1.4　対申込者数比合格率

選択科目	令和 3 年度	令和 2 年度	令和元年度	平成 30 年度	平成 29 年度
電力・エネルギーシステム	6.7 %	15.7 %	14.8 %	12.1 %	9.4 %
電気応用	8.6 %	12.9 %	8.3 %	10.5 %	10.7 %
電子応用	9.9 %	10.2 %	8.4 %	13.3 %	19.0 %
情報通信	7.1 %	9.1 %	9.2 %	10.2 %	9.2 %
電気設備	8.5 %	9.5 %	10.4 %	9.8 %	13.0 %
電気電子部門全体	8.1 %	10.9 %	10.2 %	10.6 %	11.9 %
技術士全技術部門平均	8.6 %	9.3 %	8.7 %	7.5 %	11.0 %

3. 技術士第二次試験の内容

筆記試験では、必須科目（Ⅰ）、選択科目（Ⅱ－1）、選択科目（Ⅱ－2）、選択科目（Ⅲ）それぞれで複数の問題が出題され、筆記試験時間内にそのうちの 1

問を選択して解答します。一方、口頭試験に関しては、筆記試験合格者だけが、個別に指定された日時に試問を受ける試験です。技術士第二次試験の全選択科目で見ると、選択科目になかには100％合格というところもありますが、70％に満たない合格率の選択科目もありますので、気を抜かずに準備をする必要があります。

それでは、個々の試験項目別に現在の試験制度を確認しておきましょう。

(1) 筆記試験の内容

技術士試験では科目合格制を採用していますので、1つの科目で不合格となるとそこで不合格が確定してしまいます。具体的には、筆記試験の最初の科目である必須科目（Ⅰ）で合格点が取れないと、そこで不合格が確定してしまいますので、午前中の試験のでき具合が精神的に大きな影響を与えます。なお、午後の試験は、選択科目（Ⅱ－1）、選択科目（Ⅱ－2）と選択科目（Ⅲ）にわけて問題が出題されますが、試験時間はすべてを合わせて配分されていますし、選択科目の評価は、選択科目（Ⅱ－1）、選択科目（Ⅱ－2）と選択科目（Ⅲ）の合計点でなされますので、3つの科目の合計が合格ラインを上回ることを目標として試験に臨んでください。

(a) 技術士に求められる資質能力（コンピテンシー）

令和元年度試験からは、各試験科目の評価項目が公表されていますが、その内容をコンピテンシーとして説明していますので、各試験科目で出題される内容を説明する前に、**図表1.5**の内容を確認しておいてください。

図表1.5　技術士に求められる資質能力（コンピテンシー）

専門的学識	・技術士が専門とする技術分野（技術部門）の業務に必要な、技術部門全般にわたる専門知識及び選択科目に関する専門知識を理解し応用すること。 ・技術士の業務に必要な、我が国固有の法令等の制度及び社会・自然条件等に関する専門知識を理解し応用すること。

問題解決	・業務遂行上直面する複合的な問題に対して、これらの内容を明確にし、調査し、これらの背景に潜在する問題発生要因や制約要因を抽出し分析すること。 ・複合的な問題に関して、相反する要求事項（必要性、機能性、技術的実現性、安全性、経済性等）、それらによって及ぼされる影響の重要度を考慮したうえで、複数の選択肢を提起し、これらを踏まえた解決策を合理的に提案し、又は改善すること。
マネジメント	・業務の計画・実行・検証・是正（変更）等の過程において、品質、コスト、納期及び生産性とリスク対応に関する要求事項、又は成果物（製品、システム、施設、プロジェクト、サービス等）に係る要求事項の特性（必要性、機能性、技術的実現性、安全性、経済性等）を満たすことを目的として、人員・設備・金銭・情報等の資源を配分すること。
評価	・業務遂行上の各段階における結果、最終的に得られる成果やその波及効果を評価し、次段階や別の業務の改善に資すること。
コミュニケーション	・業務履行上、口頭や文書等の方法を通じて、雇用者、上司や同僚、クライアントやユーザー等多様な関係者との間で、明確かつ効果的な意思疎通を行うこと。 ・海外における業務に携わる際は、一定の語学力による業務上必要な意思疎通に加え、現地の社会的文化的多様性を理解し関係者との間で可能な限り協調すること。
リーダーシップ	・業務遂行にあたり、明確なデザインと現場感覚を持ち、多様な関係者の利害等を調整し取りまとめることに努めること。 ・海外における業務に携わる際は、多様な価値観や能力を有する現地関係者とともに、プロジェクト等の事業や業務の遂行に努めること。
技術者倫理	・業務遂行にあたり、公衆の安全、健康及び福利を最優先に考慮したうえで、社会、文化及び環境に対する影響を予見し、地球環境の保全等、次世代にわたる社会の持続性の確保に努め、技術士としての使命、社会的地位及び職責を自覚し、倫理的に行動すること。 ・業務履行上、関係法令等の制度が求めている事項を遵守すること。 ・業務履行上行う決定に際して、自らの業務及び責任の範囲を明確にし、これらの責任を負うこと。
継続研さん	・業務履行上必要な知見を深め、技術を修得し資質向上を図るように、十分な継続研さん（CPD）を行うこと。

(b) 必須科目（Ⅰ）

令和元年度試験からは、必須科目（Ⅰ）では、『「技術部門」全般にわたる専門知識、応用能力、問題解決能力及び課題遂行能力』を試す問題が記述式問題として出題されるようになりました。解答文字数は、600字詰用紙３枚ですので、1,800字の解答量になります。なお、試験時間は２時間です。問題の概念および出題内容と評価項目について**図表1.6**にまとめましたので、内容を確認してください。

図表1.6　必須科目（Ⅰ）の出題内容等

概念	**専門知識** 専門の技術分野の業務に必要で幅広く適用される原理等に関わる汎用的な専門知識
	応用能力 これまでに習得した知識や経験に基づき、与えられた条件に合わせて、問題や課題を正しく認識し、必要な分析を行い、業務遂行手順や業務上留意すべき点、工夫を要する点等について説明できる能力
	問題解決能力及び課題遂行能力 社会的なニーズや技術の進歩に伴い、社会や技術における様々な状況から、複合的な問題や課題を把握し、社会的利益や技術的優位性などの多様な視点からの調査・分析を経て、問題解決のための課題とその遂行について論理的かつ合理的に説明できる能力
出題内容	現代社会が抱えている様々な問題について、「技術部門」全般に関わる基礎的なエンジニアリング問題としての観点から、多面的に課題を抽出して、その解決方法を提示し遂行していくための提案を問う。
評価項目	技術士に求められる資質能力（コンピテンシー）のうち、専門的学識、問題解決、評価、技術者倫理、コミュニケーションの各項目

出題問題数は２問で、そのうちの１問を選択して解答します。必須科目（Ⅰ）の問題の小設問(1)では、「多面的な観点から課題を抽出せよ」という問いがありますので、多面的な観点を持っていないとそこで躓いてしまいます。そのため、多面的な観点から問題を検証できるようになるために必要な知識を本著では説明します。なお、出題問題数は２問ですが、過去の問題を見ると、受験者の選択科目によって選択できる問題が限定される場合も多いので、実質的には

1問出題の問題形式と考えて、事前の勉強で知識を身につけておく必要があります。参考までに令和元年度以降に出題された問題のテーマを**図表1.7**に整理しました。なお、図表1.7に示した内容は出題テーマの概要を知ってもらうためのもので、詳細の内容については、問題文原文を確認してください。

図表1.7　電気電子部門の必須科目（Ⅰ）のテーマ

試験年度	Ⅰ－1のテーマ	Ⅰ－2のテーマ
令和4年度	専門分野の課題が多様化しているなかでの専門分野で技術者不足の課題	社会インフラとしての医療への移行・普及のため持続可能な地域医療の課題
令和3年度	エネルギー需給が管理されるIoE（Internet of Energy）社会の実現の課題	大規模なインフラシステムのサービス中断を事前に予防する仕組みの課題
令和2年度	新たな循環型社会の構築によって起こりうるサプライチェーンマネジメントを中心にした農業の課題	地球温暖化対策の総合的な「幅広い予防的アプローチ」の課題
令和元年度	大規模システムや複合的な機器などの技術開発で、開発・生産と利用・消費との関係性における持続可能なバランスの確保の課題	人口減少時代において、社会・経済システムを構築する電気電子技術の課題

(c) 選択科目（Ⅱ）

選択科目（Ⅱ）は、次に説明する選択科目（Ⅲ）と合わせて3時間30分の試験時間で行われます。休憩時間なしで試験が実施されますが、トイレ等に行きたい場合には、手を挙げて行くことができます。選択科目（Ⅱ）の解答文字数は、600字詰用紙3枚ですので、1,800字の解答量になります。

選択科目（Ⅱ）の出題内容は『「選択科目」についての専門知識及び応用能力』を試す問題となっていますが、問題は、専門知識問題と応用能力問題にわけて出題されます。

（ⅰ）　選択科目（Ⅱ－1）

専門知識問題は、選択科目（Ⅱ－1）として出題されます。出題内容や評価項目は**図表 1.8** のようになっています。

図表 1.8　専門知識問題の出題内容等

概念	「選択科目」における専門の技術分野の業務に必要で幅広く適用される原理等に関わる汎用的な専門知識
出題内容	「選択科目」における重要なキーワードや新技術等に対する専門的知識を問う。
評価項目	技術士に求められる資質能力（コンピテンシー）のうち、専門的学識、コミュニケーションの各項目

専門知識問題は、1枚（600字）解答問題を1問解答する形式になっており、出題問題数は4問です。出題されるのは、「選択科目」に関わる「重要なキーワード」か「新技術等」になります。解答枚数が1枚という点から、深い知識を身につける必要はありませんので、広く浅く勉強していく姿勢を持ってもらえればと思います。なお、この専門知識問題は平成30年度試験までは、4問中2問を選択して解答する問題でしたので、多くの受験者は2問目となる問題を見つけるのに苦労していました。自分の選択科目の問題とはいえ、2つの内容に対して得意な受験者は多くはないからです。しかし、それが1問に削減されましたので、大幅に専門知識問題は解答しやすくなりました。ここで躓くようでしたら、技術者として勉強不足といっても過言ではありません。過去問題を見て、どれも解答できそうにないと感じた受験者は、これから数年は基礎的な勉強をしながら試験に挑戦するという、長期的な考えで試験に臨む必要があると思います。逆に、過去問題を見る限り毎年度1問は解答できる問題があるな、と考える受験者は、専門知識問題を午後の試験で加点できる問題と考えて、ここでしっかり点数を稼ぐようにしてください。参考までに、令和元年度以降に出題された選択科目（Ⅱ－1）のテーマを選択科目別に示します。なお、**図表 1.9〜図表 1.13** に示した内容は出題テーマの概要を知ってもらうためのものです。内容の詳細については、問題文原文を確認してください。

1）電力・エネルギーシステムの専門知識問題

図表 1.9　電力・エネルギーシステムの選択科目（Ⅱ－1）のテーマ

試験年度	Ⅱ－1のテーマ	
令和4年度	コンバインドサイクル発電の原理と特徴	がいし・ブッシングの海塩汚損によって発生する塩害と対策
	直流送電線の特徴（交流送電線と比較）	洞道内に布設された地中送電線路の防火対策と消防設備
令和3年度	電力貯蔵装置が必要とされる背景と蓄電池を除く電力貯蔵技術を3つ挙げ、そのうち1つの特徴	変圧器の励磁突入電流が発生する原理と障害事象、励磁突入電流抑制対策
	架空送電線のコロナ放電とコロナ騒音対策	電気機器を接地する目的と重要事項、接地工事の単独工法、A種接地工事適用工法
令和2年度	水力発電の運用方式4つの特徴	大規模洋上風力発電に向けた多端子直流送電技術の導入メリットと課題
	油入変圧器の内部異常現象を挙げ、それに伴い発生するガス成分と判定方法	配電系統における高調波の発生原因と高調波環境目標レベル、高調波問題対策
令和元年度	バーチャルパワープラント（VPP）の定義、VPPの導入によるメリット	超高圧架空送電線の高速度再閉路方式の目的と適用理由、方式の種類
	配電の無電柱化が推進されている目的、重要と思われる課題、対策	我が国に直流送電が適用される背景、使われる他励式変換器と自励式変換器の特徴

2）電気応用の専門知識問題

図表 1.10　電気応用の選択科目（Ⅱ－1）のテーマ

試験年度	Ⅱ－1のテーマ	
令和4年度	電磁調理器（IH調理器）の加熱原理、特徴、使用上の留意点	飛行時間計測方式のLiDAR（Light Detection and Ranging）の距離計測の原理と留意すべき点

	熱エネルギーと電気エネルギーの相互変換を可能にする熱電効果の現象と応用例	パワーエレクトロニクス用フィルムコンデンサに求められる重要な技術要件、長所と短所
令和3年度	電気式集じん装置の原理、装置の構造、電気式の長所、短所	電磁誘導式非接触給電（ワイヤレス給電）の原理、構成、特徴
	電気自動車の回生ブレーキの原理と効果、留意すべき点	機電一体型モーターの構造と特長、すり合せ設計で考慮すべき点、主要構成部品の対策
令和2年度	静電気発生の原理、静電気の工業応用、静電気に関連した障害	IGBTの構造を図示し、その特徴（バイポーラトランジスタ、MOSFETと比較）
	直流き電システムにおける電力貯蔵技術の活用方策、電力貯蔵に用いる技術	照明用白色LED 3種類の構造と特徴
令和元年度	DC／DCコンバーター方式2つの名称、動作原理、特徴、実用用途	日本の電気鉄道のき電方式の特徴、長所と短所
	タッチパネルに利用されている主要な位置入力装置の方式、原理、特徴	ヒートポンプの原理と特徴、代表的な応用例であるエアコンの概要

3）電子応用の専門知識問題

図表1.11　電子応用の選択科目（Ⅱ－1）のテーマ

試験年度	Ⅱ－1のテーマ	
令和4年度	フォトカプラの構造と動作原理、特徴、応用例、高速化する方策	DRAMとFeRAMの基本構造と動作原理、両者の特徴
	A／D変換器の変換結果の正確さに影響を与える指標、A/D変換器の原理との関係	ネットワークアナライザの校正で、スミスチャート上の正しい測定結果、インピーダンス整合回路の構成
令和3年度	ZigBeeの特徴、応用例、低消費電力化する方策	アルミ電解コンデンサ、積層セラミックコンデンサ、フィルムコンデンサの材料・構造・特徴、主な用途例
	位相同期ループに求められる機能、実現に必要な構成、動作原理	温度コントローラに用いられるPID制御の概要、特性

令和２年度	無線通信の復調に用いられる非同期検波と同期検波の比較、同期検波に必要な基準搬送波の再生方法	スイッチング電源回路の特徴、非絶縁降圧型スイッチング電源回路に必要な回路素子動作、効率を改善する方策
	サーモグラフィの原理、誤差要因と補正方法	ジャイロセンサ（ジャイロスコープ）の原理・構造、その使い方の留意点
令和元年度	DA 変換回路の出力波形の評価、動作説明、出力波形に誤差や変動が生じる理由	バーコードと２次元コードの相違点、バーコード読取装置の方式２種の動作
	超音波探傷試験の原理と特徴	ベクトルネットワークアナライザの構成をブロック図で示し、動作原理

4）情報通信の専門知識問題

図表 1.12　情報通信の選択科目（Ⅱ－1）のテーマ

試験年度	Ⅱ－1のテーマ	
令和４年度	光ファイバネットワーク、PON（Passive Optical Network）の構成、特徴、一例の通信速度と光の波長	既存システムとの周波数共用の具体的な手法、実現方法、代表的な事例
	シャノン＝ハートレーの定理で述べられている内容と通信容量を拡大するための具体的な設計方策	「tracert／traceroute」コマンドについて用途と仕組み、ping コマンドとの動作の違い
令和３年度	データセンタネットワークのネットワークトポロジとアプリケーションに起因する特徴（LAN と対比）	光ファイバセンシングにおける検出原理の異なる実施例、利点、検出できる情報と検出原理
	光ファイバ通信と無線通信の基本となる特性（両者を比較）	コンテンツ配信に関連するサービスプロバイダとクラウド・通信事業者が連携して実施する帯域制御技術
令和２年度	Wi-Fi 6 の新たな機能が必要な理由とそれらを実現している技術	VPN 実現の２つの種類、共通点、相違点、使われている技術、ユーザから見た特徴

	MVNOの仕組み（技術的観点）、サービスを提供する際に事業者が考慮すべき点	ディスアグリゲーションしたシステム導入・運用の利点と課題、CDC-ROADMの機能、従来のROADMに対する優位点
令和元年度	ISM周波数帯の説明とそれを使った通信の利点と欠点、我が国で使われている用途	ディジタル通信の中間中継器に必要な機能、エルビウム添加光ファイバ増幅器の特長
	OFDM変調信号の生成法、利点と欠点、適用がふさわしい通信システム	SNMPの仕組み、SDNやNFVに関する運用管理との関連

5）電気設備の専門知識問題

図表1.13　電気設備の選択科目（Ⅱ－1）のテーマ

試験年度	Ⅱ－1のテーマ	
令和4年度	三相かご形誘導電動機の減電圧始動方式の説明と特徴	燃料電池の概要と特徴、主な種類の概要と主な用途
	火災感知器の概要、それぞれの検知方式、設置場所の特徴	入退室管理システムの基本構成と認証の要素、認証方式の概要
令和3年度	需要家内での高調波電流発生原因、限度値超過の場合の高調波抑制対策	直流電源装置用蓄電池と停電に備え満充電を維持する充電方式の概要
	屋外監視カメラに使用する撮像素子、撮像素子以外の監視システム構成技術と特徴	低圧CVTケーブル幹線サイズ選定の手順、環境配慮導体サイズ設計の考え方
令和2年度	高圧CVケーブルと接続部の劣化形態、特徴、オンライン診断技術	過電流保護協調について保護協調曲線概念図による説明
	建築物省エネルギー基準のために照明設備の評価が有効と思われる制御方法の概要と対象とならない制御	ワイヤレス電力伝送の方式2つの給電の仕組みと特徴
令和元年度	非接地高圧配電系統の高圧1線地絡事故時の地絡電流の経路、地絡方向継電器の地絡事故判定の仕組みと必要性	高さ60m以下の建築物に設置される建築設備の耐震措置を検討する際の基本的考え方、検討手法、技術的留意点

	電気自動車の充電設備の方式、電気自動車と充電設備間の電気仕様と設備設置・管理上の留意点	LPWA（Low Power Wide Area）方式の概要と特徴、活用例

（ii） 選択科目（Ⅱ－2）

応用能力問題は、選択科目（Ⅱ－2）として出題されます。出題内容や評価項目は**図表 1.14** のようになっています。

図表 1.14　応用能力問題の出題内容等

概念	これまでに習得した知識や経験に基づき、与えられた条件に合わせて、問題や課題を正しく認識し、必要な分析を行い、業務遂行手順や業務上留意すべき点、工夫を要する点等について説明できる能力
出題内容	「選択科目」に関係する業務に関し、与えられた条件に合わせて、専門知識や実務経験に基づいて業務遂行手順が説明でき、業務上で留意すべき点や工夫を要する点等についての認識があるかどうかを問う。
評価項目	技術士に求められる資質能力（コンピテンシー）のうち、専門的学識、マネジメント、リーダーシップ、コミュニケーションの各項目

応用能力問題の解答枚数は 600 字詰解答用紙 2 枚で、出題問題数は 2 問となります。内容的には業務プロセスを説明する問題になっており、実際の業務経験が多い受験者であれば対応が容易な問題となっています。ただし、形式上は、2 問出題されたなかから 1 問を選択する形式とはなっていますが、多くの受験者は、受験者の業務経験に近い方の問題を選択せざるを得ないというのが実情です。

具体的に、令和元年度試験以降に各選択科目で出題された内容を**図表 1.15～図表 1.19** に示すと、選択できる問題が限定されるのがわかると思います。

1）電力・エネルギーシステムの応用能力問題

図表 1.15　電力・エネルギーシステムの選択科目（Ⅱ－2）のテーマ

試験年度	Ⅱ－2－1 のテーマ	Ⅱ－2－2 のテーマ
令和 4 年度	配電用変電所設備の高経年劣化による設備更新計画作成	大型ショッピングモールへの特別高圧供給工事

令和３年度	地域災害拠点病院への非常用発電機の導入プロジェクト	台風被害等に備えた風荷重基準の見直し後の送電鉄塔建替工事の設計
令和２年度	着床式洋上風力発電所の建設計画の事前調査	一次変電所の有効活用策としての電力貯蔵装置導入
令和元年度	水力発電所のリニューアルプロジェクト	新設建物内部に建設する配電変電所の設計

このように、電力・エネルギーシステムでは、設備新設工事と更新・改良工事に関してそれぞれ１問出題されていますので、自分の経歴でどちらかを選択することになります。また、発電、送電、配電、変電の分野から２つを選択して出題されていますので、特定の分野の経験に特化している受験者は、他の分野の知識も習得しておく必要があります。

2）電気応用の応用能力問題

図表 1.16　電気応用の選択科目（Ⅱ－2）のテーマ

試験年度	Ⅱ－2－1のテーマ	Ⅱ－2－2のテーマ
令和４年度	電鉄自動運転路線での列車無人運転での逆走防止システムの設計	密閉型開閉装置の絶縁支持碍子の材質変更における機器設計
令和３年度	工場電気設備で高圧受電設備内のモールド変圧器の定期点検	電鉄新線で電気及び水素を駆動エネルギーとして電気車へ供給する方式の設計
令和２年度	大規模工場における変圧器の励磁突入電流の問題点解決方法	設置後 40 年を経過した電気設備の更新判断・維持保全手法
令和元年度	次世代パワー半導体を用いたデータセンター新設プロジェクト	ハイブリッド自動車・電気自動車への車載蓄電池システムの設計

このように、電気応用では、電気鉄道・電気自動車と電気機器に関してそれぞれ１問出題されていますので、自分の経歴でどちらかを選択することになります。また、内容的には機器単体の設計プロセス説明よりも、システムや電気設備としての設計や更新手法に関する問題も出題されていますので、社会への実装設計の視点で問題を考える必要があります。

3）電子応用の応用能力問題

図表 1.17　電子応用の選択科目（Ⅱ－2）のテーマ

試験年度	Ⅱ－2－1のテーマ	Ⅱ－2－2のテーマ
令和4年度	ソフトウェア無線によるデジタル通信システム開発	クリーンルームで使用する電子工業用薬品管理システムの開発
令和3年度	小規模エネルギー用の非常用電源としての発電・蓄電装置の開発	養鶏場鶏舎向けIoT技術活用のヘルスモニタリングの開発
令和2年度	遠隔医療システムの開発	モジュールの一部が影になる場所へ設置する太陽光発電システムの開発
令和元年度	リーダーの読み取り距離と消費電力の性能を満足するRFIDシステムの開発	電磁両立性の課題を緩和する可視光通信の可否の検討開発業務

このように、電子応用では、電子デバイス、通信、小規模発電、システム開発など年度によってテーマが変わっていますので、試験会場で自分の業務経験からどちらかを選択することになります。しかも、電子デバイス単体の設計内容というよりは、システムとしての設計の観点から問題が出題されていますので、社会への実装設計の視点で問題を考える必要があります。

4）情報通信の応用能力問題

図表 1.18　情報通信の選択科目（Ⅱ－2）のテーマ

試験年度	Ⅱ－2－1のテーマ	Ⅱ－2－2のテーマ
令和4年度	2社の対等合併に伴う情報通信システムの選択・方式検討・運用計画	複数拠点を持つ中小規模の会社での引き込み通信ケーブル切断事故対応
令和3年度	3G利用の地域防災監視システムを更新する計画とプロジェクト推進	工場生産ラインで既設のIoTシステムへ後付け可能なIoTセキュリティ監視機能の導入と保守運用
令和2年度	500名規模の構内交換機中心のシステムを更新するプロジェクト	広大な面積の工場の隅々まで運用できるローカル5G導入
令和元年度	通信事業者網かCATV網を通して映画をVODサービスとして提供するプロジェクト	商業施設等の公衆無線LANでアップロードに時間がかかるクレームを解消するシステム更新

このように、情報通信では、システム新設と更新・維持管理業務に関してそれぞれ1問出題されていますので、自分の経歴でどちらかを選択することになります。また、情報通信サービスの提供というテーマと特定の施設における情報通信システムの検討というテーマが扱われていますので、自らの実務経験を問題テーマに応用していく能力が求められていると考えます。

5）電気設備の応用能力問題

図表1.19　電気設備の選択科目（Ⅱ−2）のテーマ

試験年度	Ⅱ−2−1のテーマ	Ⅱ−2−2のテーマ
令和4年度	大規模な半導体工場の電気設備に対する中長期保全計画の立案	鉄道ターミナル駅拡張プロジェクトでの既設設備一体の防災設備計画
令和3年度	新築高層オフィスビル建設での機能維持に向けた浸水対策	需要が半減している既設浄水場で老朽化した電気設備の運用しながらの更新
令和2年度	2車線対面通行自動車専用道路の山岳トンネルの電気設備計画	災害拠点建築物となる病院の電気設備を災害後に早期再開する設備計画
令和元年度	特別高圧受変電設備を有する半導体工場の瞬低・停電対策	オフィスビルのBEMS構成機器の電磁環境対策計画

このように、電気設備では、建築電気設備工事と施設電気設備工事、工場電気設備工事から2項目を選択してそれぞれ1問出題されていますので、自分の経歴でどちらかを選択することになります。また、新設工事だけではなく、更新工事、拡張工事、障害対策など、違った視点で問題が作成されていますので、経験知を活かして解答を作成する能力が求められています。

図表1.15〜図表1.19の内容を見て、2問とも解答できると考えた受験者は相当な業務経験を積んでいると考えられます。しかし、若い受験者はそうではないと考えられます。そういった受験者は、過去問題を先輩等に見てもらい、先達の経験を聴取して自分の経験知に組み込んでいく努力が必要です。ただし、そういった場合にも、先達が成功した手法をそのまま真似るという気持ちでは

なく、なぜそういった検討や調査が必要なのかを理解して経験知としていく必要があります。

少なくとも、技術者が業務で踏むべき手順を理解して業務を的確に実施してきた技術者であれば、問題に取り上げられたテーマに関係なく、本質的な業務手順を説明するだけで得点が取れる問題といえます。そのため、あえて技術士第二次試験の受験勉強をするというよりは、技術者本来の仕事のあり方をここで見つめなおして、しっかりと理解していくという姿勢で準備をしていけば、合格点がとれる試験科目と考えてください。

(d) 選択科目（Ⅲ）

選択科目（Ⅲ）は、先に説明したとおり、選択科目（Ⅱ）と合わせて3時間30分の試験時間で行われます。選択科目（Ⅲ）の出題内容は、『「選択科目」についての問題解決能力及び課題遂行能力』を試す問題とされており、出題内容や評価項目は**図表1.20**のようになっています。

図表1.20　選択科目（Ⅲ）の出題内容等

概念	社会的なニーズや技術の進歩に伴い、社会や技術における様々な状況から、複合的な問題や課題を把握し、社会的利益や技術的優位性などの多様な視点からの調査・分析を経て、問題解決のための課題とその遂行について論理的かつ合理的に説明できる能力
出題内容	社会的なニーズや技術の進歩に伴う様々な状況において生じているエンジニアリング問題を対象として、「選択科目」に関わる観点から課題の抽出を行い、多様な視点からの分析によって問題解決のための手法を提示して、その遂行方策について提示できるかを問う。
評価項目	技術士に求められる資質能力（コンピテンシー）のうち、専門的学識、問題解決、評価、コミュニケーションの各項目

選択科目（Ⅲ）の解答文字数は、600字詰解答用紙3枚ですので1,800字になります。2問出題された中から1問を選択して解答する問題形式です。選択科目（Ⅲ）では、技術における最新の状況に興味を持って雑誌や新聞等に目を通していれば、想定していた範囲の問題が出題されると考えます。なお、選択科

目（Ⅲ）も必須科目（Ⅰ）と同様に、小設問（1）で、「多面的な観点から課題を抽出せよ」という問いがあります。そういった点で、本著で説明する内容が参考になりますので、この内容を選択科目内のテーマと組み合わせて解答を考えると点数を稼ぐことができると考えます。

具体的に、令和元年度試験以降に各選択科目で出題された内容を**図表 1.21〜図表 1.25** に示すと、電気電子分野ではどの選択科目でも同様の課題を扱っているのがわかると思います。そのため、自分が選択した科目の図表だけではなく、すべての選択科目の図表を読むと、電気電子分野における課題が認識できると考えます。

1）電力・エネルギーシステムの問題解決能力及び課題遂行能力問題

図表 1.21　電力・エネルギーシステムの選択科目（Ⅲ）の課題

試験年度	Ⅲ－１の課題	Ⅲ－２の課題
令和４年度	電力流通分野の地球環境や自然環境の保全に関する課題	電力の発生と消費における水素利用拡大における課題
令和３年度	電力設備保全の課題に対する IoT 技術の導入	電気自動車の普及・拡大に伴う充電に関する課題
令和２年度	再エネ大量導入に対する需給バランス維持の課題	地産地消の分散型エネルギーシステムを構築する上での課題
令和元年度	電力・エネルギーシステム分野における電磁環境問題の課題	災害等に対する電力システムのレジリエンスの課題

このように、電力・エネルギーシステムでは、地球環境問題、再生可能エネルギー大量導入、レジリエンス、電磁環境問題などをテーマに課題が選定されています。どれも電気電子分野共通の課題ですので、課題自体は目新しいものではないと考えます。そのため、本著の内容を活かして、選択科目の項目としての問題解決手法をまとめていく力が求められています。

2）電気応用の問題解決能力及び課題遂行能力問題

図表 1.22　電気応用の選択科目（Ⅲ）の課題

試験年度	Ⅲ－1の課題	Ⅲ－2の課題
令和4年度	大型誘導電動機本体の老朽化診断と更新に関連した課題	運転支援システムに高度道路交通システム技術を活用して安全性と効率性を向上させる課題
令和3年度	都市の魅力ある夜間景観のための街路照明や景観照明に関する課題	電気エネルギーと熱エネルギーの組み合わせで省エネ・低炭素化を実現するための課題
令和2年度	気象災害時の事業継続計画作成で考慮しなければならない課題	高齢者向けの小型電動モビリティ普及のための課題
令和元年度	電動機単体での低損失化方策の範囲内でのさらなる効率化の課題	超電導材料を用いた電力有効活用手段に対する課題

このように、電気応用では、新たな技術に関する課題だけではなく、普遍的な事項についての課題についてまで出題されており、テーマが絞りにくい出題が継続しています。普遍的な問題に関しては、これまでの受験者の経験で対応するしかありませんが、それ以外の社会的な課題については、本著の内容を活かして課題を抽出したのちに、問題解決の手法を示すと評価の高い答案が作成できると考えます。

3）電子応用の問題解決能力及び課題遂行能力問題

図表 1.23　電子応用の選択科目（Ⅲ）の課題

試験年度	Ⅲ－1の課題	Ⅲ－2の課題
令和4年度	老朽化する道路橋梁をヘルスモニタリングする IoT・ICT 技術活用の課題	移動制限下での旅行・観光での感染症対策と継続的なサービス提供を両立するための課題
令和3年度	交通量を道路と空域の両方にスマートに割り当てる技術の課題	個々人からの個別要求に応える人間親和型システム産業の課題
令和2年度	コネクティッドカー固有の要件それぞれに対する課題	老朽化する通信インフラ設備を維持管理するための課題

令和元年度	サービスを提供しているシステム・電子機器等のユニバーサルデザインの課題	新規就労者確保や技術継承が容易なスマート農業に対する課題

　このように、電子応用では、IoT、感染症、自動運転、インフラ老朽化、少子高齢化など年度によってテーマが大きく変わっていますので、試験会場で自分の業務経験をもとにどちらかを選択することになります。ただし根本的には、IoTを代表とするシステムを活用して社会のスマート化をしていくというテーマの問題が多いように感じます。そういった視点で課題を事前に検討しておくと、高い評価が得られる答案が作成できると考えます。

4）情報通信の問題解決能力及び課題遂行能力問題

図表1.24　情報通信の選択科目（Ⅲ）の課題

試験年度	Ⅲ－1の課題	Ⅲ－2の課題
令和4年度	オープン化された機器を用いてシステム構築する際の課題	ニューノーマルものづくり（設計）スタイル（環境）実現の課題
令和3年度	インクルーシブな社会を実現するDXの根底にある課題	安全で快適なドライブ環境構築のための車車間通信普及・利用の課題
令和2年度	非常時に必要な情報へのアクセスができる情報通信ネットワークの課題	情報通信技術とデータを組み合わせて活用する最適化の仕組みの課題
令和元年度	エッジコンピューティングを活用する上での課題	人口集中による都市部の道路交通渋滞解消への課題

　このように、情報通信では、社会環境の変化や情報システムに対する利用者の要求の変化に関する出題がされていますので、出題の予測が難しい状況です。そういった点で、自分の経歴によって、どちらかを選択することになります。ただし、基本的はビッグデータやデジタルトランスフォーメーションを根幹にした事項についての課題を考えておくと、試験当日に問題の分析が容易になると考えます。

5）電気設備の問題解決能力及び課題遂行能力問題

図表 1.25　電気設備の選択科目（Ⅲ）の課題

試験年度	Ⅲ－1の課題	Ⅲ－2の課題
令和4年度	一極集中型から脱却し多極分散型国土の実現に対する課題	地域脱炭素化への移行・実現のためのエネルギー利用の課題
令和3年度	建設業界を魅力あるものとするための働き方改革を伴う生産性向上への課題	知的で創造性の高いオフィス空間提供のための視環境改善の課題
令和2年度	東京都のビジネス街の大規模再開発計画立案の課題	中小の賃貸オフィスビルの効果的な改修計画立案の課題
令和元年度	固定価格買取制度に頼らない再生可能エネルギーの普及拡大の課題	照明設備の省エネルギーと良好な視環境実現のための課題

このように、電気設備では、建設業における普遍的な課題や、エネルギー・環境問題での課題、施設内環境改善の課題などについて問題が出題されています。そういった点で的を絞りにくい出題となっていますが、どれも業務を行う上では考えなければならない内容ですので、特に答案作成に苦慮するテーマではないと思います。しかし、前提となる社会や技術の変革についてはしっかりと本著で知識を習得しておくことは有益であると思います。

5つの選択科目の過去の出題問題を見ると、この後に説明する必須科目（Ⅰ）の基礎知識と共通しているのがわかると思います。『「選択科目」についての問題解決能力及び課題遂行能力』を試す問題が出題される選択科目（Ⅲ）も、『「技術部門」全般にわたる専門知識、応用能力、問題解決能力及び課題遂行能力』を試す問題が出題される必須科目（Ⅰ）もアンダーラインを引いた部分は同じですので、当然のことといえます。ですから、本著で狙っている知識の吸収は、筆記試験で出題される3枚解答問題に共通したものと考えて勉強してください。午後の試験で最も解答枚数が多い選択科目（Ⅲ）と、1問で合否判定が行われる必須科目（Ⅰ）に共通した知識となると、筆記試験の合格には欠かせない知識ということになります。その点を強く認識して後の章を読み進めてください。

(2) 口頭試験の内容

令和元年度試験からの口頭試験は、**図表 1.26** に示したとおりとなりました。特徴的なのは、図表 1.5 の「技術士に求められる資質能力（コンピテンシー）」に示された内容から、「専門的学識」と「問題解決」を除いた項目が試問事項とされている点です。なお、技術士試験の合否判定は、すべての試験で科目合格制が採用されていますので、口頭試験においても４つの事項で合格レベルの解答をする必要があります。

図表 1.26　口頭試験内容（総合技術監理部門以外）

大項目	試問事項	試験時間
Ⅰ　技術士としての実務能力	①コミュニケーション、リーダーシップ	20 分 （10 分程度延長の場合もあり）
	②評価、マネジメント	
Ⅱ　技術士としての適格性	③技術者倫理	
	④継続研さん	

口頭試験では、受験申込書に記載した「業務内容の詳細」に関する試問がありますが、それは第Ⅰ項の「技術士としての実務能力」で試問がなされます。

一方、第Ⅱ項は「技術士としての適格性」で、「技術者倫理」と「継続研さん」に関する試問がなされます。

口頭試験で重要な要素となるのは「業務内容の詳細」です。ただし、この「業務内容の詳細」に関してはいくつか問題点があります。第一は、かつて口頭試験前に提出していた「技術的体験論文」が 3,600 字以内で説明する論文であったのに対し、「業務内容の詳細」は720字以内と大幅に削減されている点です。少なくなったのであるからよいではないかという意見もあると思いますが、書いてみると、この文字数は内容を相手に伝えるには少なすぎるのです。「業務内容の詳細」は、口頭試験で最も重要視される資料ですので、720 字以内の文章で評価される内容を記述するためには、それなりのテクニックが必要である点は理解しておいてください。

しかも、「業務内容の詳細」は、受験者全員が受験申込書提出時に記載して提出するものとなっていますので、筆記試験前に合格への執念を持って書くことが難しいのが実態です。実際に多くの「業務内容の詳細」は、筆記試験で不合格になると誰にも読まれずに終わってしまいます。さらに、記述する時期がとても早いために、まだ十分に技術士第二次試験のポイントをつかめないままに申込書を作成している受験者も少なくはありません。

注意しなければならない点として、「技術部門」や「選択科目」の選定ミスという判断がなされる場合があります。実際に、建設部門の受験者の中で、提出した「技術的体験論文」の内容が上下水道部門の内容であると判断された受験者が過去にはあったようですし、電気電子部門で電気設備の受験者が書いた「技術的体験論文」の内容が、発送配変電（現：電力・エネルギーシステム）の選択科目であると判断されたものもあったようです。そういった場合には、当然、合格はできません。「業務内容の詳細」は受験申込書の提出時点で記述しますので、こういったミスマッチが今後も発生すると考えられます。ですから、受験者は思い込みを排除して、「業務内容の詳細」と「選択科目の内容」を十分に検証する必要があります。万が一ミスマッチになると、せっかく筆記試験に合格しても技術士にはなれませんので、早期に技術士第二次試験の目的を理解して、「業務内容の詳細」の記述に取りかかってください。

(3) 受験申込書の『業務内容の詳細』について

受験申込書の業務経歴の部分では、まず受験資格を得るために、「科学技術に関する専門的応用能力を必要とする事項についての計画、研究、設計、分析、試験、評価又はこれらに関する指導の業務」を、規定された年数以上業務経歴の欄に記載しなければなりません。その際には、下線で示した単語（計画、研究、設計、分析、試験、評価）のどれかを業務名称の最後に示しておく必要があります。記述できる項目数も、現在の試験制度では５項目となっていますので、少ない項目数で受験資格年数以上の経歴にするために、業務内容の記述方法に工夫が必要となります。しかも、その中から『業務内容の詳細』に示す業務経歴を選択して、『業務内容の詳細』に記述する内容と連携するように、業務内容のタイトルを決定する必要があります。『業務内容の詳細』を読む前に、このタイトルが大きな印象を試験委員に与えるからです。

『業務内容の詳細』は、基本的に自由記載の形式になっており、記述する内容は「当該業務での立場、役割、成果等」とされています。しかし、『成果等』というところがポイントで、実際に記述すべき内容としては、過去の技術的体験論文で求められていた内容から想定すると、次のような項目になると考えられます。

①　業務の概要
②　あなたの立場と役割
③　業務上の課題
④　技術的な提案
⑤　技術的成果

もちろん、取り上げる業務によって記述内容の構成は変わってきますが、700字程度という少ない文字数を考慮すると、例として次のような記述構成が考えられます。しかし、これまでの技術的体験論文のように、①～⑤のようなタイトル行を設けるスペースはありませんので、いくつかの文章で各項目の内容を効率的に示す力が必要となります。

①　業務の概要（75字程度）
②　あなたの立場と役割（75字程度）
③　業務上の課題（200字程度）
④　技術的な提案（200字程度）
⑤　技術的成果（150字程度）

この例を見ると、『業務内容の詳細』を記述するのはそんなに簡単ではないというのがわかります。自分が実務経験証明書に記述した業務経歴の中から1業務を選択して、『業務内容の詳細』を700字程度で示すというのは、結構大変な作業です。欲張ると書ききれませんし、業務の概要説明などが長くなると、高度な専門的応用能力を発揮したという技術的な提案や、技術的成果の部分が十分にアピールできなくなります。そういった点で、受験申込書の作成には時間がかかると考える必要があります。一度提出すると受験申込書の差し替えなどはできませんので、口頭試験で失敗しないためには、ここで細心の注意をはらって対策をしておかなければなりません。

第2章

持続可能な開発目標

今後、技術者が業務を行う上では、持続可能な開発目標（SDGs：Sustainable Development Goals）の内容に基づいて検討する必要があります。持続可能な開発目標（SDGs）とは、2015年9月に国連サミットで採択された「持続可能な開発のための2030アジェンダ」に記載された2016年から2030年までの国際目標です。この内容は、世界における基本姿勢となっていますが、すでに終了年まで10年を切っており、目標達成のために、具体的な活動が早急に求められる事項といえます。

1. SDGsの17の目標

SDGsでは、**図表2.1**に示す17の目標が示されています。

図表2.1　SDGsの17の目標

目標	詳細
1．貧困をなくそう	あらゆる場所のあらゆる形態の貧困を終わらせる。
2．飢餓をゼロに	飢餓を終わらせ、食料安全保障及び栄養改善を実現し、持続可能な農業を促進する。
3．すべての人に健康と福祉を	あらゆる年齢のすべての人々の健康的な生活を確保し、福祉を促進する。
4．質の高い教育をみんなに	すべての人に包摂的かつ公正な質の高い教育を確保し、生涯学習の機会を促進する。

5．ジェンダー平等を実現しよう	ジェンダー平等を達成し、すべての女性及び女児の能力強化を行う。
6．安全な水とトイレを世界中に	すべての人々の水と衛生の利用可能性と持続可能な管理を確保する。
7．エネルギーをみんなにそしてクリーンに	すべての人々の、安価かつ信頼できる持続可能な近代的エネルギーへのアクセスを確保する。
8．働きがいも経済成長も	包摂的かつ持続可能な経済成長及びすべての人々の完全かつ生産的な雇用と働きがいのある人間らしい雇用（ディーセント・ワーク）を促進する。
9．産業と技術革新の基盤をつくろう	強靭（レジリエント）なインフラ構築、包摂的かつ持続可能な産業化の促進及びイノベーションの推進を図る。
10．人や国の不平等をなくそう	各国内及び各国間の不平等を是正する。
11．住み続けられるまちづくりを	包摂的で安全かつ強靭（レジリエント）で持続可能な都市及び人間居住を実現する。
12．つくる責任つかう責任	持続可能な生産消費形態を確保する。
13．気候変動に具体的な対策を	気候変動及びその影響を軽減するための緊急対策を講じる。
14．海の豊かさを守ろう	持続可能な開発のために海洋・海洋資源を保全し、持続可能な形で利用する。
15．陸の豊かさも守ろう	陸域生態系の保護、回復、持続可能な利用の推進、持続可能な森林の経営、砂漠化への対処、ならびに土地の劣化の阻止・回復及び生物多様性の損失を阻止する。
16．平和と公正をすべての人に	持続可能な開発のための平和で包摂的な社会を促進し、すべての人々に司法へのアクセスを提供し、あらゆるレベルにおいて効果的で説明責任のある包摂的な制度を構築する。
17．パートナーシップで目標を達成しよう	持続可能な開発のための実施手段を強化し、グローバル・パートナーシップを活性化する。

出典：環境省ホームページ

経済産業省が2019年6月に公表した「SDGs経営／ESD投資研究会報告書」では、『SDGsは企業と世界をつなぐ「共通言語」』と示しているだけではなく、

『SDGs―企業経営における「リスク」と「機会」』としており、ポイントとして、「SDGsに取り組まないこと自体がリスクである」と説明しています。また、「従業員が、自分のやっていることがSDGsの17の目標とどうつながっているのかを認識することが一番大事」と示しています。このことは、技術者にもいえることで、「従業員」を「技術者」または「技術士」と置き換えて読む必要があります。もう１点重要な点としては、「SDGsは、各プレイヤーに17の目標、169のターゲット全てに焦点を当てることを求めているわけではない。自社にとっての重要課題（マテリアリティ）を特定し、関連の深い目標を見定めることで、自社の資源を重点的に投入することができ、結果として、自社の本業に即した、効率的なSDGsへの貢献が可能となる」と示している点があります。この点は非常に重要な考え方です。「自社」を「技術者」に変えていいかえると、技術部門・選択科目の技術者の資源を重点的に投入することができ、結果として、技術者の本業に即した、効率的なSDGsへの貢献が可能となる」ということです。ですから、専門とする技術に関して、どの目標・ターゲットが重要で、それに対して、専門技術がどう貢献できるかを普段から考えておく必要があります。

2. SDGsの169のターゲット

SDGsに関しては、技術者が17の目標については知っているのは当然ですが、17の目標の下に細分化された169のターゲットに関してまで認識しておく必要があります。もちろん、そのすべてを覚える必要はありませんが、電気電子部門および自分が受験する選択科目に関する内容については知っておかなければなりませんし、そのターゲットに対してどんな課題があるのか、事前に検討しておく必要があります。そのため、169のターゲットを次に示しますので、電気電子部門および自分が受験する選択科目に関係するターゲットを的確に認識して、その実現のための課題を多面的な観点から検討しておいてください。なお、下記の出典は環境省資料によるものです。

(1) 貧困をなくそう

目標：あらゆる場所のあらゆる形態の貧困を終わらせる。

1.1	極度の貧困を終らせる
1.2	貧困状態にある人の割合を半減させる
1.3	貧困層・脆弱層の人々を保護する
1.4	基礎的サービスへのアクセス、財産の所有・管理の権利、金融サービスや経済的資源の平等な権利を確保する
1.5	貧困層・脆弱層の人々の強靭性を構築する
1.a	開発途上国の貧困対策に、様々な資源を動員する
1.b	貧困撲滅への投資拡大を支援するために政策的枠組みを構築する

我が国においても貧困は重要な社会課題となっています。「こども食堂」などのニュースを聞くこともありますし、生理用品が使えない人のために、学校のトイレ等に自由に使える生理用品を設置するなどの措置をとっている自治体もあります。ニュースになっている事象はその一部で、我が国においてもこの目標は忘れてはならないものといえます。さらに、円安による日常品の値上がりは、さらにこの問題を深刻化させると想定されます。

(2) 飢餓をゼロに

目標：飢餓を終わらせ、食料安全保障及び栄養改善を実現し、持続可能な農業を促進する。

2.1	飢餓を撲滅し、安全で栄養のある食料を得られるようにする
2.2	栄養不良をなくし、妊婦や高齢者等の栄養ニーズに対処する
2.3	小規模食料生産者の農業生産性と所得を倍増させる
2.4	持続可能な食料生産システムを確保し、強靭な農業を実践する
2.5	食料生産に関わる動植物の遺伝的多様性を維持し、遺伝資源等へのアクセスと、得られる利益の公正・衡平に配分する
2.a	開発途上国の農業生産能力向上のための投資を拡大する
2.b	世界の農産物市場における貿易制限や歪みを是正・防止する

2.c	食料市場の適正な機能を確保し、食料備蓄などの市場情報へのアクセスを容易にする

我が国においては、多くの食物が廃棄されている事実があり、社会的に問題となっています。一方、国内の食料自給率は非常に低く、貿易取引なしには我が国の食料供給はおぼつかないという現実を強く認識する必要があります。ウクライナ危機において、農業生産が多いウクライナから穀物類が輸出できなくなったために、多くの国で飢餓が大きな社会問題となっています。それだけではなく、円安もあって、我が国の食料品の価格が高騰しています。もちろん、我が国でも十分に食べることができない人々がいるのも事実です。そういった現状で、食料自給率の向上に技術が貢献することは可能だと考えるべきですし、国際情勢によっては、飢餓のリスクを我が国も抱えているという現実を認識すべきです。

(3) すべての人に健康と福祉を

目標：あらゆる年齢のすべての人々の健康的な生活を確保し、福祉を促進する。

3.1	妊産婦の死亡率を削減する
3.2	新生児・5歳未満児の予防可能な死亡を根絶する
3.3	重篤な伝染病を根絶し、その他の感染症に対処する
3.4	非感染症疾患による若年死亡率を減少させ、精神保健・福祉を促進する
3.5	薬物やアルコール等の乱用防止・治療を強化する
3.6	道路交通事故死傷者を半減させる
3.7	性と生殖に関する保健サービスを利用できるようにする
3.8	UHC（ユニバーサル・ヘルス・カバレッジ）を達成する（すべての人が保険医療サービスを受けられるようにする）
3.9	環境汚染による死亡と疾病の件数を減らす
3.a	たばこの規制を強化する
3.b	ワクチンと医薬品の研究開発を支援し、安価な必須医療品及びワクチンへのアクセスを提供する

3.c	開発途上国における保健に関する財政・人材・能力を拡大させる
3.d	健康危険因子の早期警告、緩和・管理能力を強化する

新型コロナの蔓延状況からも感染症対策の難しさは多くの人たちが認識しているところだと思います。また、国際的に１つの国で見つかった感染症が世界中に広がるのに、時間がかからないという現実を技術者が認識すべきです。また、医薬品や医療製品の多くを海外に頼っている現実も明らかになりました。そういった医療関係の必需品が非常時に供給できる体制についても考える必要があります。また、交通事故に対しても自動運転などの新しい技術がどういった貢献をするのか、そこにどんなリスクがあるのかを技術者はこれまで以上に考えて行動することが必要です。

(4) 質の高い教育をみんなに

目標：すべての人に包摂的かつ公正な質の高い教育を確保し、生涯学習の機会を促進する。

4.1	無償・公正・質の高い初等・中等教育を修了できるようにする
4.2	乳幼児の発達・ケアと就学前教育にアクセスできるようにする
4.3	高等教育に平等にアクセスできるようにする
4.4	働く技能を備えた若者と成人の割合を増やす
4.5	教育における男女格差をなくし、脆弱層が教育や職業訓練に平等にアクセスできるようにする
4.6	基本的な読み書き計算ができるようにする
4.7	教育を通して持続可能な開発に必要な知識・技能を得られるようにする
4.a	安全で非暴力的、包摂的、効果的な学習環境を提供する
4.b	開発途上国を対象とした高等教育の奨学金の件数を全世界で増やす
4.c	質の高い教員の数を増やす

我が国においても、誰もが平等に高等教育が受けられているとは言い切れないニュースが多く報道されています。また、感染症の蔓延に伴い、アルバイト先をなくした学生が、勉学を続けられなくなって退学しているニュースもあり

ます。最近、大学の合格基準に男女間格差を設けていた大学の姿勢が問題とされました。教育に関しては、若い世代だけではなく、デジタル化が進んだ現在では、リスキリングによる社会人の再教育も進める必要が生じています。そういった点で全世代を通じて、個々の技術者は何ができるのか、またどういうリスキリングを計画していかなければならないかも考えるべき事項といえます。

(5) ジェンダー平等を実現しよう

目標：ジェンダー平等を達成し、すべての女性及び女児の能力強化を行う。

5.1	女性に対する差別をなくす
5.2	女性に対する暴力をなくす
5.3	女性に対する有害な慣行をなくす
5.4	無報酬の育児・介護・家事労働を認識・評価する
5.5	政治、経済、公共分野での意思決定において、女性の参画と平等なリーダーシップの機会を確保する
5.6	性と生殖に関する健康と権利への普遍的アクセスを確保する
5.a	財産等への女性のアクセスについて改革する
5.b	女性の能力を強化する
5.c	女性の能力強化のための政策・法規を導入・強化する

2022年7月の世界経済フォーラムで公表された「ジェンダー・ジャップ指数」では、調査した146カ国のうち日本は116位とされており、世界的にはジェンダー平等の面では、問題がある国と考えられています。また、電通の調査によると8.9％の人が性的少数者を自認しているとの報告もあり、ジェンダー平等は身近な課題と考える必要があります。技術の分野においても、我が国においては女性技術者の少なさが問題となっていますが、令和4年に女子大学に初めて工学部が創設されました。企業内においても、女性経営者や管理職の比率が低いという現実に対して、企業での前向きな対応が強く求められている現実に対して対策を考える必要があります。

(6) 安全な水とトイレを世界中に

目標：すべての人々の水と衛生の利用可能性と持続可能な管理を確保する。

6.1	安全・安価な飲料水の普遍的・衡平なアクセスを達成する
6.2	下水・衛生施設へのアクセスにより、野外での排泄をなくす
6.3	様々な手段により水質を改善する
6.4	水不足に対処し、水不足に悩む人の数を大幅に減らす
6.5	統合水資源管理を実施する
6.6	水に関わる生態系を保護・回復する
6.a	開発途上国に対する、水と衛生分野における国際協力と能力構築を支援する
6.b	水と衛生の管理向上における地域社会の参加を支援・強化する

我が国においては、梅雨や台風などによって雨がもたらされているため、水についてはそんなに意識することはないかもしれません。しかし、仮想水（バーチャルウォーター）という考え方で、食料のために必要な水を、現在輸入している食品量で計算すると、現在、我が国で使われている水の量と同等の水を輸入していることになります。もし仮に、我が国で消費する食料をすべて国内で生産すると想定すると、今の倍の水が必要となり、まかなえない可能性もあります。また、日本のインフラ整備は高度成長期に多く行われたため、水に係るインフラの老朽化が今後大きな問題となります。実際に中部地区の明治用水の取水ができずに発電設備が停止したり、製造業の休業が起きたりしています。

(7) エネルギーをみんなにそしてクリーンに

目標：すべての人々の、安価かつ信頼できる持続可能な近代的エネルギーへのアクセスを確保する。

7.1	エネルギーサービスへの普遍的アクセスを確保する
7.2	再生可能エネルギーの割合を増やす
7.3	エネルギー効率の改善率を増やす

7.a	国際協力によりクリーンエネルギーの研究・技術へのアクセスと投資を促進する
7.b	開発途上国において持続可能なエネルギーサービスを供給できるようにインフラ拡大と技術向上を行う

ロシア産の化石燃料の輸入が制限されるようになり、国際的なエネルギー価格が高騰しています。一方、我が国で再生可能エネルギーの拡大を図ろうとすると、国土の条件からなかなか大規模な開発は進んでいませんし、導入単価も国際的に高いものとなっています。エネルギー価格が高いと、産業の国際競争力が劣る結果ともなり、我が国の国力にも影響を及ぼします。今後、グリーン水素の活用を拡大するとしても、海外から輸入するための施設の建設が必要ですし、水素ステーションなどの社会インフラの整備も必要となります。さらに、グリーンに水素を作る技術や輸送技術の開発も必要となります。そういった点で技術者に課せられた期待と課題は大きいと考えられます。

(8) 働きがいも経済成長も

目標：包摂的かつ持続可能な経済成長及びすべての人々の完全かつ生産的な雇用と働きがいのある人間らしい雇用（ディーセント・ワーク）を促進する。

8.1	一人当たりの経済成長率を持続させる
8.2	高いレベルの経済生産性を達成する
8.3	開発重視型の政策を促進し、中小零細企業の設立や成長を奨励する
8.4	10YFP（持続可能な消費と生産に関する 10 年計画枠組み）に従い、経済成長と環境悪化を分断する
8.5	雇用と働きがいのある仕事、同一労働同一賃金を達成する
8.6	就労・就学・職業訓練を行っていない若者の割合を減らす
8.7	強制労働・奴隷制・人身売買を終らせ、児童労働をなくす
8.8	労働者の権利を保護し、安全・安心に働けるようにする
8.9	持続可能な観光業を促進する

8.10	銀行取引・保険・金融サービスへのアクセスを促進・拡大する
8.a	開発途上国への貿易のための援助を拡大する
8.b	若年雇用のための世界的戦略とILO（国際労働機関）の世界協定を実施する

我が国においても、若い世代の就職率の低下が問題となっていますし、国際的に見た生産性の低さが話題となるケースがよくあります。同一労働同一賃金は日頃からニュースになる話題の1つで我が国でも大きな問題といえます。現在は、感染症による海外旅行者の入国制限等で観光業は大きな影響を受けており、波及して飲食業やそこに食材や備品を納入する業者にも、同様に課題が突きつけられているといえます。海外からの労働者受け入れに関しても、その労働環境が問題とされる事例が多くニュースとなっていますが、そういった点でも我が国では課題を内包していると考える必要があります。

(9) 産業と技術革新の基盤をつくろう

目標：強靱（レジリエント）なインフラ構築、包摂的かつ持続可能な産業化の促進及びイノベーションの推進を図る。

9.1	経済発展と福祉を支える持続可能で強靭なインフラを開発する
9.2	雇用とGDPに占める産業セクターの割合を増やす
9.3	小規模製造業等の、金融サービスや市場等へのアクセスを拡大する
9.4	資源利用効率の向上とクリーン技術及び環境に配慮した技術・産業プロセスの導入拡大により持続可能性を向上させる
9.5	産業セクターにおける科学研究を促進し、技術能力を向上させる
9.a	開発途上国への支援強化により、持続可能で強靭なインフラ開発を促進する
9.b	開発途上国の技術開発・研究・イノベーションを支援する
9.c	後発開発途上国における普遍的・安価なインターネット・アクセスを提供する

我が国では、高度成長期に作り上げられてきたインフラの老朽化問題が大き

な社会問題となってきており、気候変動による災害の激甚化に対して、インフラの強靭化が叫ばれるようになってきています。一方、知的財産権の面から、我が国の競争力が低下してきており、技術立国といえない状況になりつつあります。その結果として産業が衰退してしまうと、税収が減少してしまい、それがインフラの更新財源の減少となり、さらにインフラの脆弱性が社会的な問題を引き起こす結果となりかねません。また、我が国では事業で失敗した人の再起が難しいという現状から、ベンチャー企業の起業が少ないという現実もあり、イノベーションの点でも何らかの施策が必要な状況にあるといえます。

(10) 人や国の不平等をなくそう

目標：各国内及び各国間の不平等を是正する。

10.1	所得の少ない人の所得成長率を上げる
10.2	すべての人の能力を強化し、社会・経済・政治への関わりを促進する
10.3	機会均等を確保し、成果の不平等を是正する
10.4	政策により、平等の拡大を達成する
10.5	世界金融市場と金融機関に対する規制と監視を強化する
10.6	開発途上国の参加と発言力の拡大により正当な国際経済・金融制度を実現する
10.7	秩序のとれた、安全で規則的、責任ある移住や流動性を促進する
10.a	開発途上国に対して特別かつ異なる待遇の原則を実施する
10.b	開発途上国等のニーズの大きい国へ、ODA 等の資金を流入させる
10.c	移住労働者の送金コストを下げる

最近は、最低賃金の引き上げが毎年行われていますが、国際的には他の先進国と比べて劣っている状況です。また、最近の技術や経済の変革に対して、我が国の技術者を含めた労働者のリスキリングが課題になってきていますし、個人の能力評価方法についての改革もまだ十分とはいえない状況です。さらに、我が国への労働者の移住による労働力強化はあまり成果をあげる状況には至っていません。

(11) 住み続けられるまちづくりを

目標：包摂的で安全かつ強靭（レジリエント）で持続可能な都市及び人間居住を実現する。

11.1	住宅や基本的サービスへのアクセスを確保し、スラムを改善する
11.2	交通の安全性改善により、持続可能な輸送システムへのアクセスを提供する
11.3	参加型・包摂的・持続可能な人間居住計画・管理能力を強化する
11.4	世界文化遺産・自然遺産を保護・保全する
11.5	災害による死者数、被害者数、直接的経済損失を減らす
11.6	大気や廃棄物を管理し、都市の環境への悪影響を減らす
11.7	緑地や公共スペースへのアクセスを提供する
11.a	都市部、都市周辺部、農村部間の良好なつながりを支援する
11.b	総合的な災害リスク管理を策定し、実施する
11.c	後発開発途上国における持続可能で強靭な建造物の整備を支援する

電気電子部門が関係する施設や設備は、災害によって影響を受けることも多くありますが、停止や不能状態になると、直接的に一般市民の生活に影響が及びますので、都市や居住空間の強靭化のためになすべきことが多くあります。最近の例でも、川崎の超高層マンションの配電設備が水害で浸水し、長期間にわたって居住者の生活に大きな影響を及ぼしました。また、電車交通網や情報通信網などが不通となり、都市生活において大きな不便を長期に生じた例もあります。特に、通信会社の通信障害は、電子決済などにも大きな影響をもたらすという事例が最近発生しており、それが数日に及んだため社会的に大きな混乱を招きました。また、過疎化などの影響で交通機関の維持が難しくなる地域も増えてきており、地域に住まい続けることが難しくなってきている例も多く見受けられます。

(12) つくる責任つかう責任

目標：持続可能な生産消費形態を確保する。

12.1	10YFP（持続可能な消費と生産に関する 10 年計画枠組み）を実施する
12.2	天然資源の持続可能な管理及び効率的な利用を達成する
12.3	世界全体の一人当たりの食料廃棄を半減させ、生産・サプライチェーンにおける食品ロスを減らす
12.4	化学物質や廃棄物の適正管理により大気、水、土壌への放出を減らす
12.5	廃棄物の発生を減らす
12.6	企業に持続可能性に関する情報を定期報告に盛り込むよう奨励する
12.7	持続可能な公共調達を促進する
12.8	持続可能な開発及び自然と調和したライフスタイルに関する情報と意識を持つようにする
12.a	開発途上国の持続可能な消費・生産に係る能力を強化する
12.b	持続可能な観光業に対し、持続可能な開発がもたらす影響の測定手法を開発・導入する
12.c	開発に関する悪影響を最小限に留め、市場のひずみを除去し、化石燃料に対する非効率な補助金を合理化する

先進国において食品ロスは大きな課題となっていますが、それと同時にまともに食事がとれない子供たちのために、子ども食堂などの活動も必要となってきています。それだけではなく、廃棄物の削減のためには、生活用品のリサイクルを考えた製品開発やリサイクル制度の整備なども、生産者や流通業者にとって非常に重要な視点となってきています。ただし、リサイクルされる廃材の質を確保し、再生される量の比率を上げるためには、消費者の考え方やライフスタイルの変化も必要となってきていますので、広く国民全員が積極的に対応するようにならなければなりません。さらに、化石燃料の使用の削減は地球温暖化の面でも重要となっていますが、その代替エネルギーを経済的に確保できないと、エネルギー価格の上昇によって、我が国の産業競争力が失われてしまう結果になりかねません。

(13) 気候変動に具体的な対策を

目標：気候変動及びその影響を軽減するための緊急対策を講じる。

13.1	気候関連災害や自然災害に対する強靭性と適応能力を強化する
13.2	気候変動対策を政策、戦略及び計画に盛り込む
13.3	気候変動対策に関する教育、啓発、人的能力及び制度機能を改善する
13.a	UNFCCC（国連気候変動枠組条約）の先進締約国によるコミットメントを実施し、緑の気候基金を本格始動させる
13.b	開発途上国における気候変動関連の効果的な計画策定と管理能力を向上するメカニズムを推進する

気候変動によって、我が国でも災害の頻発化や激甚化が顕著になってきています。一方、地球温暖化対策に対して多くの人が真剣に取り組んでいるかというと、まだまだ不十分であり、どこか他人事という感覚を持つ人も少なくありません。そういった課題を克服するには、教育や啓発活動が子供の頃からなされる必要があります。二酸化炭素の排出量を削減するためには、電動化などの電気を使った製品や社会システムがより一層拡大していく必要がありますし、そのための電気エネルギーを発生させる手段においても脱炭素化が進められる必要があります。さらに、省エネルギー化も合わせて進めていかなければなりませんが、そのためにはストックとしての既存の建築物や機械装置も、例外なく省エネルギー化していかなければ、効果は高められません。特に使用期間が長い機械や装置については、機械や装置の更新時期での積極的な対応が求められますし、建物の建替えやリノベーションなどでの対応も必要となります。そういった点で、技術者も専門家として、現在の環境変化に対してより積極的に関与していく姿勢が求められます。

(14) 海の豊かさを守ろう

目標：持続可能な開発のために海洋・海洋資源を保全し、持続可能な形で利用する。

14.1	海洋汚染を防止・削減する
14.2	海洋・沿岸の生態系を回復させる
14.3	海洋酸性化の影響を最小限にする
14.4	漁獲を規制し、不適切な漁業慣行を終了し、科学的な管理計画を実施する
14.5	沿岸域及び海域の 10 パーセントを保全する
14.6	不適切な漁獲につながる補助金を禁止・撤廃し、同様の新たな補助金も導入しない
14.7	漁業・水産養殖・観光の持続可能な管理により、開発途上国の海洋資源の持続的な利用による経済的便益を増やす
14.a	海洋の健全性と海洋生物多様性の向上のために、海洋技術を移転する
14.b	小規模・零細漁業者の海洋資源・市場へのアクセスを提供する
14.c	国際法を実施し、海洋及び海洋資源の保全、持続可能な利用を強化する

今後は、我が国近海でも洋上風力発電施設の建設が増加することが想定されますが、そういった新しい海上施設が自然界や漁業などの産業に及ぼす影響の予測と適切な計画の推進が求められます。また、海洋プラスチック問題も大きな話題となっており、プラスチック廃棄物の削減などライフスタイルの変革が必要となります。地球温暖化による、海域水温の上昇で地域に生息する魚類や海藻等の変化、磯焼けなどの海中環境の悪化なども生物に大きな影響を及ぼしています。今後は、海底に眠るレアメタルや微生物資源の活用も進められると考えられますが、そういった際の環境配慮や、化石燃料を用いない船舶の駆動方法など、電気電子技術が活用される場面は増えてくると考えられます。

(15) 陸の豊かさも守ろう

目標：陸域生態系の保護、回復、持続可能な利用の推進、持続可能な森林の経営、砂漠化への対処、ならびに土地の劣化の阻止・回復及び生物多様性の損失を阻止する。

15.1	陸域・内陸淡水生態系及びそのサービスの保全・回復・持続可能な利用を確保する
15.2	森林の持続可能な経営を実施し、森林の減少を阻止・回復と植林を増やす
15.3	砂漠化に対処し、劣化した土地と土壌を回復する
15.4	生物多様性を含む山地生態系を保全する
15.5	絶滅危惧種の保護と絶滅防止のための対策を講じる
15.6	遺伝資源の利用から生ずる利益の公正・衡平な配分と遺伝資源への適切なアクセスを推進する
15.7	保護対象動植物種の密漁・違法取引をなくし、違法な野生生物製品に対処する
15.8	外来種対策を導入し、生態系への影響を減らす
15.9	生態系と生物多様性の価値を国の計画等に組み込む
15.a	生物多様性と生態系の保全・利用のために資金を動員する
15.b	持続可能な森林経営のための資金の調達と資源を動員する
15.c	保護種の密漁・違法取引への対処を支援する

高齢化や過疎化などの影響を受けて、里山の荒廃などが進んできており、適切な森林の育成ができなくなってきている地域も生じています。また、我が国の森林の多くは伐採期を迎えており、今後は二酸化炭素の吸収力も弱まることから、森林の伐採と新規植樹による森林再生が必要となっています。そういった適切な森林管理が実施されるためには、対象地域において、ドローンなどの情報装置や情報通信システムを活用したシステムの導入なども必要となってきます。そのためには、情報技術やロボット等の技術を活用しながら、誰でもが従事しやすい仕事の創出などで、若者の農村部への移住や地域の産業の育成などの面で電気電子技術が貢献していかなければなりません。

(16) 平和と公正をすべての人に

目標：持続可能な開発のための平和で包摂的な社会を促進し、すべての人々に司法へのアクセスを提供し、あらゆるレベルにおいて効果的で説明責任のある包摂的な制度を構築する。

16.1	暴力及び暴力に関連する死亡率を減らす
16.2	子どもに対する虐待や暴力・拷問をなくす
16.3	司法への平等なアクセスを提供する
16.4	組織犯罪をなくす
16.5	汚職や増賄を大幅に減らす
16.6	透明性の高い公共機関を発展させる
16.7	適切な意思決定を確保する
16.8	国際機関への開発途上国の参加を拡大・強化する
16.9	すべての人に法的な身分証明を提供する
16.10	情報への公共アクセスを確保し、基本的自由を保障する
16.a	暴力やテロをなくすための国家機関を強化する
16.b	差別のない法律、規則、政策を推進し、実施する

これらのターゲットに対して、情報通信技術を使って、公共機関へのアクセスを確保したり、適切な意思決定を行うためのツールを提供することが可能だと考えられます。また、暴力やテロの防止のために、電気電子技術を活用した見守りの仕組みを作ることもできます。一方、情報通信システムを使った個人の誹謗中傷なども増えてきていますし、情報通信を使った犯罪も増えてきています。そういった点で、新たな手法による暴力や犯罪を防止するための新たな仕組みについて、電気電子技術を活用した取り組みが行われていく必要があります。

(17) パートナーシップで目標を達成しよう

目標：持続可能な開発のための実施手段を強化し、グローバル・パートナーシップを活性化する。

17.1	課税及び徴税能力の向上のために国内資源を動員する
17.2	先進国は、開発途上国に対するODAに係るコミットメントを完全に実施する
17.3	開発途上国のための追加的資金源を動員する
17.4	開発途上国の長期的な債務の持続可能性の実現を支援し、重債務貧困国の債務リスクを減らす
17.5	後発開発途上国のための投資促進枠組みを導入・実施する
17.6	科学技術イノベーションに関する国際協力を向上させ、知識共有を進める
17.7	開発途上国に対し、環境に配慮した技術の開発・移転等を促進する
17.8	後発開発途上国のための実現技術の利用を強化する
17.9	開発途上国における能力構築の実施に対する国際的支援を強化する
17.10	WTO（世界貿易機関）の下での公平な多角的貿易体制を促進する
17.11	開発途上国による輸出を増やす
17.12	後発開発途上国に対し、永続的な無税・無枠の市場アクセスを適時実施する
17.13	世界的なマクロ経済を安定させる
17.14	持続可能な開発のための政策の一貫性を強化する
17.15	政策の確立・実施にあたり、各国の取組を尊重する
17.16	持続可能な開発のためのグローバル・パートナーシップを強化する
17.17	効果的な公的・官民・市民社会のパートナーシップを推進する
17.18	開発途上国に対する能力構築支援を強化し、非集計型データの入手可能性を向上させる
17.19	GDP以外の尺度を開発し、開発途上国の統計に関する能力を構築する

最近では、新規の技術開発や国際分業においても、国際的な協調をどうとっていくかが大きな課題となっています。地球温暖化についても、先進国だけではなく、資金が乏しい開発途上国においても対策がなされていかなければなりません。また、市場としてだけではなく、サプライチェーンの一部として国際

的な関係を良好にしていく必要があります。さらに、希少資源を多く持つ開発途上国も少なくないため、環境に配慮した資源開発についても、各国の状況を考慮して技術面で貢献していく必要があります。

3. SDGsの優先課題

さらに、優先課題として**図表2.2**の内容が示されています。

図表2.2　SDGsの優先課題と具体的施策

優先課題	具体的施策
①　あらゆる人々の活躍の推進	一億総活躍社会の実現、女性活躍の推進、子供の貧困対策、障害者の自立と社会参加支援、教育の充実
②　健康・長寿の達成	薬剤耐性対策、途上国の感染症対策や保健システム強化・公衆衛生危機への対応、アジアの高齢化への対応
③　成長市場の創出、地域活性化、科学技術イノベーション	有望市場の創出、農山漁村の振興、生産性向上、科学技術イノベーション、持続可能な都市
④　持続可能で強靭な国土と質の高いインフラの整備	国土強靭化の推進・防災、水資源開発・水循環の取組、質の高いインフラ投資の推進
⑤　省・再生可能エネルギー、気候変動対策、循環型社会	省・再生可能エネルギーの導入・国際展開の推進、気候変動対策、循環型社会の構築
⑥　生物多様性、森林、海洋等の環境の保全	環境汚染への対応、生物多様性の保全、持続可能な森林・海洋・陸上資源
⑦　平和と安全・安心社会の実現	組織犯罪・人身取引・児童虐待等の対策推進、平和構築・復興支援、法の支配の促進
⑧　SDGs実施推進の体制と手段	マルチステークホルダーパートナーシップ、国際協力におけるSDGsの主流化、途上国のSDGs実施体制支援

〔出典：外務省ホームページ〕

4. SDGsを扱った問題例

ここまでの内容をみると、SDGsは、次節以降に示す内容すべてを包括した概念と考える必要がありますが、SDGsを直接扱った問題例として次のようなものが考えられます。

【問題例1】

○ 我が国では、2015年に国連で採択されたSDGs（17の持続可能な開発目標）を基に、持続可能な取組の導入が奨励されている。電気電子分野においても、多様な取組が行われているが、大規模システムや複合的な機器などの技術開発で、当初の意図に反して、様々な弊害が発生している。また、当初の意図そのものに問題がある場合も少なくない。このようなアンバランスな状況下で、開発・生産と利用・消費との関係性における持続可能なバランスの確保について、広範囲に数多くの目標が議論されている。（令和元年度－1）

(1) 電気電子分野のシステム・機器における「開発・生産と利用・消費との関係性における持続可能なバランスの確保」の考え方に基づき、技術者としての立場で多面的な観点から課題を抽出し分析せよ。解答は、上記の関係性の観点を明記した上で、それぞれの課題について説明すること。

(2) (1)で抽出した課題の中から最も重要と考える課題を1つ挙げ、その課題の解決策を3つ示せ。

(3) 上記すべての解決策を実行した上での新たな波及効果、及び懸念事項とそれへの対策について、専門技術を踏まえた考えを示せ。

(4) (1)～(3)の業務遂行に当たり、技術者としての倫理、社会の保全の観点から必要となる要件・留意点を述べよ。

【問題例２】

○　持続可能な社会実現に近年多くの関心が寄せられている。例えば、2015年に開催された国連サミットにおいては、2030年までの国際目標SDGs（持続可能な開発目標）が提唱されている。このような社会の状況を考慮して、以下の問いに答えよ。（想定問題）

(1)　持続可能な社会実現のための電気電子機器・装置のものづくりに向けて、あなたの専門分野だけでなく電気電子技術全体を総括する立場で、多面的な観点から複数の課題を抽出し分析せよ。

(2)　抽出した課題のうち最も重要と考える課題を１つ挙げ、その課題に対する解決策を具体的に３つ示せ。

(3)　解決策に共通して新たに生じるリスクとそれへの対策について述べよ。

(4)　業務遂行において必要な要件を技術者としての倫理の観点から述べよ。

第3章

環境問題

環境問題は、地球温暖化をはじめとして我々の生活に密接に関係しているため、現代社会においては対応が欠かせない事項となってきています。また、使い捨て社会の問題点も多くの点で指摘されてきており、循環型社会への転換が進められてきています。以上のような社会の変革に対して、社会が新たなライフスタイルを求められるようになってきています。そういった点で技術者が行動しなければならない事項が多く存在します。ここでは、パリ協定、日本の気候変動、第五次環境基本計画、カーボンニュートラル、グリーン成長戦略、温室効果ガスプロトコル、循環型社会形成推進基本計画の内容を紹介します。

1. パリ協定

パリ協定は、2015年12月の気候変動枠組条約第21回締約国会議（COP21）で採択された、地球温暖化対策の国際的な枠組みを定めた協定です。パリ協定では、次のような要素が盛り込まれています。

① 世界共通の長期目標として、2℃目標の設定と1.5℃に抑える努力を追求する

② 主要排出国を含むすべての国が削減目標を5年ごとに提出・更新する

③ 二国間クレジット制度を含めた市場メカニズムを活用する

④ 適応の長期目標を設定し、各国の適応計画プロセスや行動を実施するとともに、適応報告書を提出・定期更新する

⑤　先進国が資金を継続して提供するだけでなく、途上国も自主的に資金を提供する

⑥　すべての国が共通かつ柔軟な方法で実施状況を報告し、レビューを受ける

⑦　5年ごとに世界全体の実施状況を確認する仕組みを設ける

なお、気候変動に対応するためには、温室効果ガスの排出を抑制する「緩和」だけではなく、すでに現れている影響や中長期的に避けられない影響を回避・軽減する「適応」を合わせて進めることが重要とされています。

実際のデータとしては、世界の年平均気温は、長期的には、100年あたり約0.73℃の割合で上昇しています。一方、日本の年平均気温は、長期的には、100年あたり約1.19℃の割合で上昇しており、高温となる年が頻出しています。その原因が、大気中の二酸化炭素濃度の上昇にあるとされています。大気中の二酸化炭素の世界平均濃度のデータとして、**図表3.1**に「大気中の二酸化炭素濃度の経年変化」を示しますので、参考にしてください。

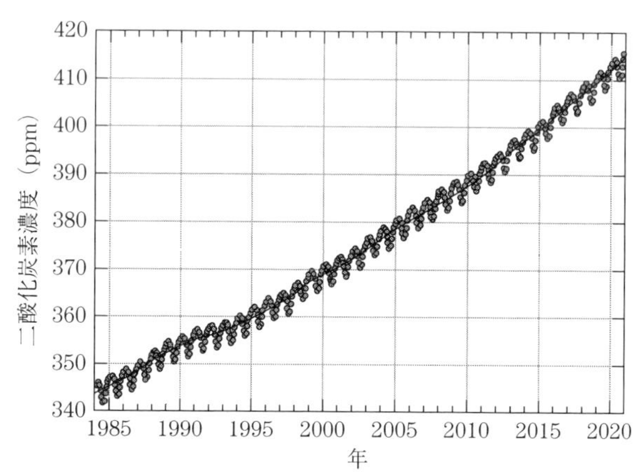

温室効果ガス世界資料センター（WDCGG）が収集した観測データから作成した大気中の二酸化炭素の月別の世界平均濃度（•）と、季節変動成分を除いた濃度（線）を示す（WMO、2021）。

〔出典：気象庁　気候変動監視レポート2021〕

図表3.1　大気中の二酸化炭素の世界平均濃度

WDCGG の解析によると 2020 年の地表付近の世界平均濃度は 413.2 ppm で、前年からの増加量は 2.5 ppm でした。二酸化炭素だけではなく、代表的な温室効果ガスの世界平均濃度を**図表 3.2** に示します。

図表 3.2　代表的な温室効果ガスの世界平均濃度（2020 年）

温室効果ガスの種類	大気中の濃度		
	工業化以前（1750 年）	2020 年平均濃度	工業化以降の増加率
二酸化炭素	約 278 ppm	413.2 ppm	+ 49 %
メタン	約 729 ppb	1,889 ppb	+ 159 %
一酸化二窒素	約 270 ppb	333.2 ppb	+ 23 %

〔出典：気候変動監視レポート 2021〕

地球温暖化による影響としては、世界各地に存在する氷河が後退していると同時に、北極の氷が溶け出しているという報告が上がってきています。その結果、日本からヨーロッパまでの距離が短くなる北極海航路を使って物資を輸送できるようになってきていますし、地域によっては水不足問題が深刻化するという予測もあります。具体的なデータとしては、**図表 3.3** に示すオホーツク海の最大海氷域面積の経年変化を見てください。なお、破線は変化傾向を示しています。

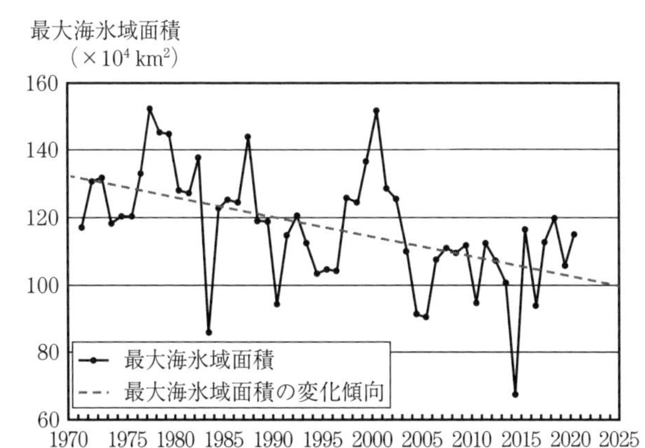

〔出典：気象庁　気候変動監視レポート 2021〕

図表 3.3　オホーツク海の最大海氷域面積の経年変化

特定の海域だけではなく、海域によって違いがありますが、世界全体の年平均海面水温の上昇率は 100 年当たり +0.56 ℃となっています。

また、気候変動によってゲリラ的な集中豪雨が特定地域に発生したり、雨の少なかった砂漠地域の国において洪水が発生したりするなどの問題も起きています。具体的なデータとして、**図表 3.4** に「日本における 1 時間降水量の推移」を示しますので、参考にしてください。

［全国アメダス］1時間降水量50 mm以上の年間発生回数

トレンド27.5（回/10年）

気象庁

1,300地点あたりの発生回数（回）

500
450
400
350
300
250
200
150
100
50
0

1975 1980 1985 1990 1995 2000 2005 2010 2015 2020

年

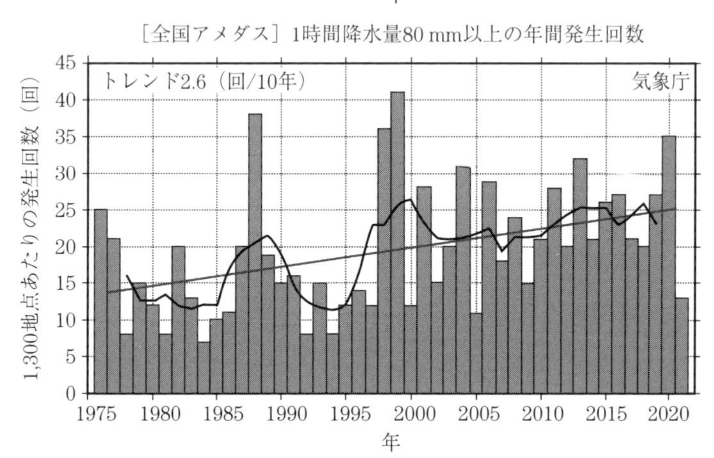

〔出典：気象庁　気候変動監視レポート 2021〕

図表 3.4　日本における 1 時間降水量の推移

2. 日本の気候変動

文部科学省と気象庁が公表している「日本の気候変動 2020」には、地球温暖化による影響について、2℃上昇シナリオ（パリ協定の 2℃目標が達成された世界）と 4℃上昇シナリオ（現時点を超える追加的な緩和策を取らなかった世界）に基づいて次のような予測を示しています。

(1) 気温

我が国の気温の将来予測は**図表 3.5** のとおりです。

図表 3.5　気温の将来予測

	2℃上昇シナリオによる予測	4℃上昇シナリオによる予測
年平均気温	約 1.4℃上昇	約 4.5℃上昇
参考：世界の年平均気温	約 1.0℃上昇	約 3.7℃上昇
猛暑日の年間日数	約 2.8 日増加	約 19.1 日増加
熱帯夜の年間日数	約 9.0 日増加	約 40.6 日増加
冬日の年間日数	約 16.7 日減少	約 46.8 日減少

注：猛暑日とは、日最高気温が 35℃以上の日のこと
　　熱帯夜とは、夜間の最低気温が 25℃以上の日のこと
　　冬日とは、日最低気温が 0℃未満になった日のこと

〔出典：日本の気候変動 2020〕

(2) 降水

我が国の降水の将来予測は**図表 3.6** のとおりです。

図表 3.6　降水の将来予測

	2℃上昇シナリオによる予測	4℃上昇シナリオによる予測
日降水量 200 mm 以上の年間日数	約 1.5 倍に増加	約 2.3 倍に増加

1時間降水量50 mm以上の頻度	約1.6倍に増加	約2.3倍に増加
日降水量の年最大値	約12％（約15 mm）増加	約27％（約33 mm）増加
日降水量1.0 mm未満の年間日数	（有意な変化は予測されない）	約8.2日増加

注：1時間降水量50 mm以上の雨は、「非常に激しい雨（滝のように降る）」とも表現される。傘は全く役に立たず、水しぶきであたり一面が白っぽくなり、視界が悪くなるような雨の降り方である。

〔出典：日本の気候変動2020〕

(3) 海面水温

日本近海の海面水温の将来予測は**図表3.7**のとおりです。

図表3.7　日本近海の平均海面水温の予測

	2℃上昇シナリオによる予測	4℃上昇シナリオによる予測
日本近海の平均海面水温	約1.14℃上昇	約3.58℃上昇
参考：世界の平均海面水温	約0.73℃上昇	約2.58℃上昇
参考：世界の平均水温（深さ0～2,000 m）	約0.35℃上昇	約0.82℃上昇

〔出典：日本の気候変動2020〕

(4) 日本沿岸の海面水位

日本沿岸の平均海面水位の将来予測は**図表3.8**のとおりです。

図表3.8　日本沿岸の平均海面水位の予測

	2℃上昇シナリオによる予測	4℃上昇シナリオによる予測
日本沿岸の平均海面水位	約0.39 m上昇	約0.71 m上昇
参考：世界の平均海面水位	約0.39 m上昇	約0.71 m上昇

〔出典：日本の気候変動2020〕

(5) 海氷面積

海氷面積の将来予測は**図表 3.9** のとおりです。

図表 3.9　海氷面積の予測

	2℃上昇シナリオによる予測	4℃上昇シナリオによる予測
オホーツク海の海氷面積（3月）	約 28 %減少	約 70 %減少
参考：北極海の海氷面積（2月）	約 8 %減少	約 34 %減少
参考：北極海の海氷面積（9月）	約 43 %減少	約 94 %減少

〔出典：日本の気候変動 2020〕

(6) 海洋酸性化

海洋酸性化およびアラゴナイト炭酸カルシウム飽和度（Ω_{arag}）の将来予測は**図表 3.10** のとおりです。

図表 3.10　海洋酸性化およびアラゴナイト炭酸カルシウム飽和度（Ω_{arag}）の予測

	2℃上昇シナリオによる予測	4℃上昇シナリオによる予測
日本南方の表面海水 pH	約 0.04 低下	約 0.3 低下
参考：世界の表面海水 pH	21 世紀半ばまでに約 0.065 低下し、その後は変化しない	約 0.31 低下
日本南方の年平均 Ω_{arag}	約 0.2 低下	約 1.4 低下
参考：世界の年平均 Ω_{arag}	／	低緯度域を除き、2060 年までに 3 を下回る

〔出典：日本の気候変動 2020〕

(7) 気候変動がもたらす影響

国土交通白書 2022 によると、気候変動がもたらす影響への関心について内閣府が世論調査を行った（令和 2 年 11 月）結果、半分以上の人が関心を持っているものを、関心の高い順に示すと、次のような項目が挙げられます。

① 農作物の品質や収穫量の低下、漁獲量が減少すること（83.8 %）
② 洪水、高潮、高波などによる気象災害が増加すること（79.5 %）
③ 豪雨や暴風による停電や交通まひなどインフラ・ライフラインに被害が出ること（73.9 %）
④ 野生生物や植物の生息域が変化すること（64.6 %）
⑤ 熱中症が増加すること（53.5 %）

上位5項目を見ると、災害と動植物に関するものが多くを占めており、安全・安心に関する事項の関心が高いのがわかります。また、熱中症が日常の脅威となっている現状を考えると、気温の上昇について多くの人が実感している現状がわかります。

3. 第五次環境基本計画

平成30年4月に、「第五次環境基本計画」が閣議決定されました。この計画は、SDGsとパリ協定の採択後に初めて策定されたものであるため、それらの考え方を踏襲したものとなっています。第五次環境基本計画で目指すべき社会の姿として、地域循環共生圏の創造、世界の範となる日本の確立、これらを通じた持続可能な循環共生型の社会（環境・生命文明社会）の実現を挙げています。

また、第五次環境基本計画では、環境政策の展開の重点戦略として、**図表3.11**に示す6戦略を設定しています。

なお、表中に示されているESGとは、環境（Environment）、社会（Social）、ガバナンス（Governance）の頭文字をとったもので、ESG投資は、環境、社会、ガバナンスに配慮をしている企業を重視して、選別して行う投資をいいます。いいかえると、地球温暖化対策や生物多様性の保護活動（環境）、人権へ対応や地域貢献活動（社会）、企業統治や法令遵守（ガバナンス）などを重視している企業に投資を行うことにより、株主の圧力で企業や社会にそういった活動を広めていこうという考え方です。

図表 3.11　環境政策の展開の重点戦略

重点戦略	具体策
持続可能な生産と消費を実現するグリーンな経済システムの構築	・ESG 投資、グリーンボンド等の普及・拡大 ・税制全体のグリーン化の推進 ・サービサイジング、シェアリング・エコノミー ・再エネ水素、水素サプライチェーン ・都市鉱山の活用　　等
国土のストックとしての価値の向上	・気候変動への適応も含めた強靭な社会づくり ・生態系を活用した防災・減災（Eco-DRR） ・森林環境税の活用も含めた森林整備・保全 ・コンパクトシティ・小さな拠点＋再エネ・省エネ ・マイクロプラスチックを含めた海洋ごみ対策　　等
地域資源を活用した持続可能な地域づくり	・地域における「人づくり」 ・地域における環境金融の拡大 ・地域資源・エネルギーを活かした収支改善 ・国立公園を軸とした地方創生 ・都市も関与した森・里・川・海の保全再生・利用 ・都市と農山漁村の共生・対流　　等
健康で心豊かな暮らしの実現	・持続可能な消費行動への転換（倫理的消費、COOL CHOICE など） ・食品ロスの削減、廃棄物の適正処理の推進 ・低炭素で健康な住まいの普及 ・テレワークなど働き方改革＋CO_2・資源の削減 ・地方移住・二地域居住の推進＋森・里・川・海の管理 ・良好な生活環境の保全　　等
持続可能性を支える技術の開発・普及	・福島イノベーション・コースト構想→脱炭素化を牽引（再エネ由来水素、浮体式洋上風力等） ・自動運転、ドローン等の活用による「物流革命」 ・バイオマス由来の化成品創出（セルロースナノファイバー等） ・AI 等の活用による生産最適化　　等
国際貢献による我が国のリーダーシップの発揮と戦略的パートナーシップの構築	・環境インフラの輸出 ・適応プラットフォームを通じた適応支援 ・温室効果ガス観測技術衛星「いぶき」シリーズ ・「課題解決先進国」として海外における「持続可能な社会」の構築支援　　等

〔出典：第五次環境基本計画の概要（環境省）〕

4. カーボンニュートラル

2050年のカーボンニュートラルに向けた行動としては、まず省エネルギーの強化を行うとともに、非化石エネルギーの導入拡大を進める必要があります。そして、最後には、残存するCO_2を貯蔵したり、活用するなどの技術開発が進められなければなりません。それを図示すると**図表3.12**のようになります。

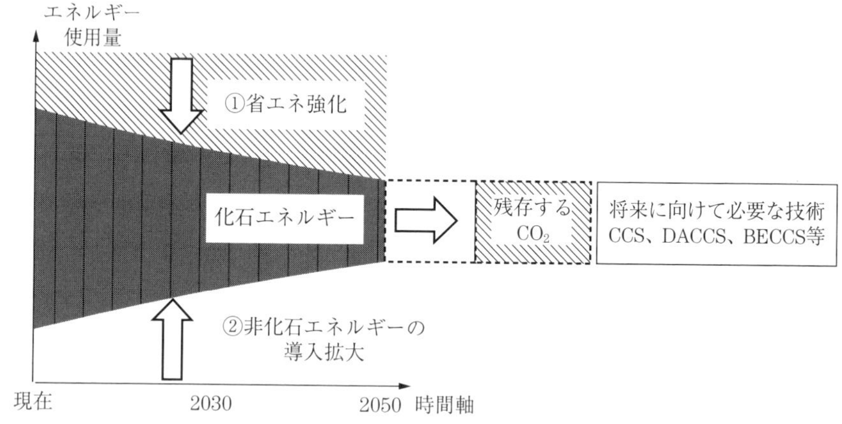

〔出典：省エネルギー小委員会2021年6月30日資料〕

図表3.12　需要側のカーボンニュートラルに向けたイメージと取組の方向性

二酸化炭素を削減する技術とされているものを次に示します。

①　CCS（Carbon dioxide Capture and Storage）

CCSは、二酸化炭素を回収・貯留する技術で、発電所や化学工場などから排出されたCO_2を他の気体から分離して集め、地中深くに貯留・圧入する仕組みです。CO_2を分離・回収する方法としては、**図表3.13**に示す方法があります。

②　CCUS（Carbon dioxide Capture, Utilization and Storage）

CCUSは、分離・貯留したCO_2を利用する手法で、具体例としては、古い油田に注入することで、油田に残った原油を圧力で押し出しつつ、CO_2を地中に貯留しています。

図表 3.13　CO_2 分離回収法

分離法	具体的方法
吸収法	物理吸収液、化学吸収液
吸着分離法	物理吸着、化学吸着／吸収、化学吸収炭酸塩系
膜分離法	有機膜、無機膜
深冷分離法	液化／蒸留／沸点差

③　BECCS（Bioenergy with Carbon Capture and Storage）

BECCS は、CO_2 排出量が実質ゼロであるバイオマスの燃焼で排出された CO_2 を回収し、地中に圧入・貯留することで CO_2 排出量をマイナス（カーボンネガティブ）とする技術です。

④　DACCS（Direct Air Capture and Carbon Capture Storage）

DACCS は、空気中の CO_2 を直接回収する直接空気回収（DAC：Direct Air Capture）と CCS を組み合わせたシステムで、図表 3.13 に示すような技術を使って大気中から CO_2 を直接回収し、地中に圧入・貯留することで、CO_2 の排出量をマイナス（カーボンネガティブ）とする技術です。我が国で、2050 年に排出量実質ゼロを達成するには、年間最大 2 億トンの CO_2 を DAC で回収する必要があると想定されています。

⑤　EOR（Enhanced Oil Recovery）

EOR は、CO_2 を油田に圧入し、原油回収率を向上させる手法です。

⑥　カーボンリサイクル

カーボンリサイクルは、CO_2 を資源として捉え、これを分離・回収し、化学品や燃料、鉱物などとして再利用することです。CCUS／カーボンリサイクルを図示すると**図表 3.14** のようになります。

⑦　メタネーション

メタネーションとは、回収した CO_2 と再生可能エネルギーで作った水素（H_2）を使って、都市ガスの主成分であるメタン（CH_4）を合成して、既存の都市ガス配管で供給して利用する技術です（**図表 3.15** 参照）。ガスとして利用する際に排出されるCO_2は、回収したCO_2で相殺されるため、カーボンニュートラルとなります。

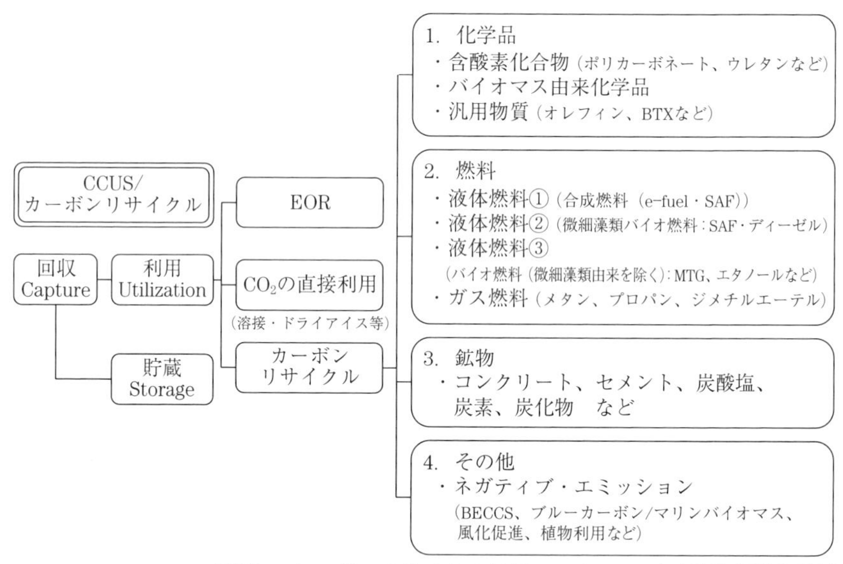

〔出典:カーボンリサイクル技術ロードマップ(経済産業省他)〕

図表 3.14 CCUS/カーボンリサイクル

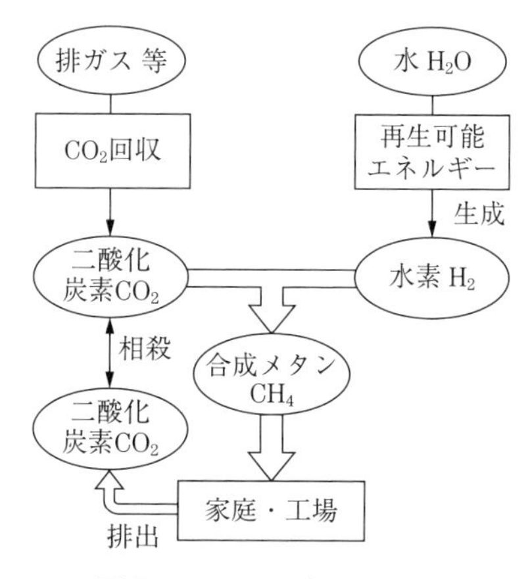

図表 3.15 メタネーション

⑧　グリーントランスフォーメーション（GX）

グリーントランスフォーメーションとは、経済産業省が提唱する、経済成長と環境保護を両立させ、「2050年までに温室効果ガスの排出を全体としてゼロにする」というカーボンニュートラルにいち早く移行するために必要な経済社会システム全体の変革を意味する成長戦略をいいます。

なお、カーボンニュートラルを実現するためには、バイオ技術や化学工学だけではなく、デジタル技術やパワーエレクトロニクス、情報通信技術、機械工学、都市工学、シェアリング・エコノミーなどの多面的な技術や仕組みの活用が求められる点は認識する必要があります。

5. グリーン成長戦略

令和３年６月には、経済産業省をはじめとして多くの省庁が合同で、「2050年カーボンニュートラルに伴うグリーン成長戦略」を公表しています。この中で、『温暖化への対応を、経済成長の制約やコストとする時代は終わり、国際的にも、成長の機会と捉える時代に突入したのである。』と示しています。これに加えて、『従来の発想を転換し、積極的に対策を行うことが、産業構造や社会経済の変革をもたらし、次なる大きな成長につながっていく。こうした、「経済と環境の好循環」を作っていく産業政策が、グリーン成長戦略である。』としており、2050年に向けて成長が期待される下記の14分野が示されています。

【エネルギー関連産業】

①　洋上風力・太陽光・地熱産業

ⓐ　洋上風力

1)　導入目標を明示し、国内外の投資を呼び込む

2)　系統・港湾のインフラを計画的に整備する

3)　競争力を備えたサプライチェーンを形成する

4）規制の総点検によって事業環境を改善する

5）「技術開発ロードマップ」に基づいた実証を見据え、要素技術開発を加速する

ⓑ 太陽光

1）2030年を目途に、普及段階に移行できるよう、次世代型太陽電池の研究開発を重点化する

2）アグリゲーションビジネス、PPAモデルなど関連産業の育成・再構築を図りつつ、地域と共生可能な適地の確保等を進める

ⓒ 地熱

1）次世代型地熱発電技術の開発を推進する

2）リスクマネー供給や科学データの収集等を推進する

3）自然公園法や温泉法の運用の見直しにより、開発を加速する

② 水素・燃料アンモニア産業

ⓐ 水素

1）導入拡大を通じて、化石燃料に十分な競争力を有する水準となることを目指す

2）日本に強みのある技術を中心に、国際競争力を強化する

3）輸送・貯蔵技術の早期商用化（コスト低減）を目指す

4）水電解装置のコスト低下により世界での導入拡大を目指す

ⓑ 燃料アンモニア産業

1）火力混焼用の発電用バーナーに関する技術開発を進める

2）安価な燃料アンモニアの供給に向けて、コスト低減のための技術開発やファイナンス支援を強化する

3）国際標準化や混焼技術の開発を通じて、東南アジアマーケットへの輸出を促進する

③ 次世代熱エネルギー産業

1）2050年に都市ガスをカーボンニュートラル化する

2）総合エネルギーサービス企業への転換を図る

3)　合成メタンの安価な供給（LNG 同等）を実現する

④　原子力産業

1)　国際連携を活用して高速炉開発を着実に推進する

2)　2030 年までに国際連携により小型モジュール炉技術を実証する

3)　2030 年までに高温ガス炉における水素製造に係る要素技術を確立する

4)　ITER 計画等の国際連携を通じた核融合研究開発を着実に推進する

【輸送・製造関連産業】

⑤　自動車・蓄電池産業

1)　電動化目標を設定する

2)　蓄電池目標を設定する

3)　充電・充てんインフラ目標を設定する

4)　電動化推進に向けて、施策パッケージを展開する

⑥　半導体・情報通信産業

1)　次世代パワー半導体やグリーンデータセンター等の研究開発支援等を通して、半導体・情報通信産業の 2040 年のカーボンニュートラル実現を目指す

2)　データセンターの国内立地・最適配置を推進する（地方新規拠点整備・アジア拠点化）

⑦　船舶産業

1)　ゼロエミッション船の実用化に向け、技術開発を推進する

2)　省エネ・省 CO_2 排出船舶の導入・普及を促進する枠組みを整備する

3)　LNG 燃料船の高効率化のため、技術開発を推進する

⑧　物流・人流・土木インフラ産業

1)　高速道路利用時のインセンティブを付与し、電動車の普及を促進する

2)　ドローン物流の本格的な実用化・商用化を推進する

3)　2025 年、「カーボンニュートラルポート形成計画（仮称）」を策定した港湾が全国で 20 港以上となることを目指す

4) 動力源を抜本的に見直した革新的建設機械（電動、水素、バイオ等）の認定制度を創設し、導入・普及を促進する

5) 空港の脱炭素化、航空交通システムの高度化を推進する

⑨ 食料・農林水産業

1) 食料・農林水産業の生産力向上と持続性の両立をイノベーションで実現させる新たな政策方針として「みどりの食料システム戦略」（2021年5月）を策定。カーボンニュートラルの実現等に向けた革新的な技術・生産体系の目標を掲げ、その開発・社会実装を推進

2) ネガティブエミッションに向けた森林及び木材、海洋等の活用に関する目標を具体化

⑩ 航空機産業

1) 航空機の電動化技術の確立に向け、コア技術の研究開発を推進する

2) 水素航空機実現に向け、コア技術の研究開発等を推進する

3) 航空機・エンジン材料の軽量化、耐熱性向上などに資する新材料の導入を推進する

⑪ カーボンリサイクル・マテリアル産業

ⓐ カーボンリサイクル

1) 低価格かつ高性能なCO_2吸収型コンクリート、CO_2回収型のセメント製造技術を開発する

2) カーボンフリーな合成燃料を、2040年までに自立商用化、2050年にガソリン価格以下とする。2030年頃の実用化を目標に、SAFのコスト低減・供給拡大のための大規模実証を進める

3) 2050年に人工光合成によるプラスチック原料について、既製品と同価格を目指す

4) より低濃度・低圧な排ガスからCO_2を分離・回収する技術の開発・実証を進める

ⓑ マテリアル

1) 「ゼロカーボン・スチール」の実現に向けた技術開発・実証を実施する

2)　産業分野の脱炭素化に資する、革新的素材の開発・供給を行う

3)　製造工程で高温を必要とする産業における熱源の脱炭素化を進める

【家庭・オフィス関連産業】

⑫　住宅・建築物産業・次世代電力マネジメント産業

ⓐ　住宅・建築物

1)　住宅についても省エネ基準適合率の向上に向けて更なる規制的措置の導入を検討する

2)　非住宅・中高層建築物の木造化を促進する

ⓑ　次世代電力マネジメント

1)　デジタル制御や市場取引を通じ、分散型エネルギーを活用したアグリゲーションビジネスを推進する

2)　再エネの大量導入に伴う電力系統の混雑を解消するため、デジタル技術や市場を活用した次世代グリッドを構築する

3)　マイクログリッドによって、エネルギーの地産地消、レジリエンスの強化、地域活性化を促進する

⑬　資源循環関連産業

1)　技術の高度化、設備の整備、低コスト化を推進する

Reduce・Renewable／Reuse・Recycle／Recovery

⑭　ライフスタイル関連産業

1)　観測・モデリング技術を高め、地球環境ビッグデータの利活用を推進する

2)　ナッジやデジタル化、シェアリングによる行動変容を実現する

3)　地域の脱炭素化を推進し、その実践モデルを他の地域や国に展開する

上記の戦略を実行するために、グリーンイノベーション基金を造成しています。これまで割り当てが決まった事業として次のものがあります。

・洋上風力発電の低コスト化

・次世代型太陽電池の開発

・水素サプライチェーンの構築
・再エネ由来電力による水素製造
・製鉄プロセスにおける水素活用
・燃料アンモニア供給網
・二酸化炭素を用いたプラスチック原料製造
・二酸化炭素を用いた燃料製造
・二酸化炭素を用いたコンクリート製造技術
・二酸化炭素の分離回収技術
・次世代蓄電池・モーターの開発
・車載コンピューティング技術
・スマートモビリティ社会の構築
・次世代デジタルインフラの構築
・次世代航空機の開発
・次世代船舶の開発

6. 温室効果ガスプロトコル

温室効果ガスプロトコルは、GHG（Greenhouse Gas）プロトコルともいわれ、国際的な温室効果ガス排出量の算定・報告の基準です。そこでは、下記の3つの基準が定められています。

① スコープ1：事業者自らによる温室効果ガスの直接排出（燃料の燃焼、工業プロセス）
② スコープ2：他社から供給された電気、熱・蒸気の使用に伴う間接排出
③ スコープ3：スコープ1、スコープ2以外の間接排出（事業者の活動に関連する他社の排出）

上記のスコープを図示したものが**図表 3.16** になります。

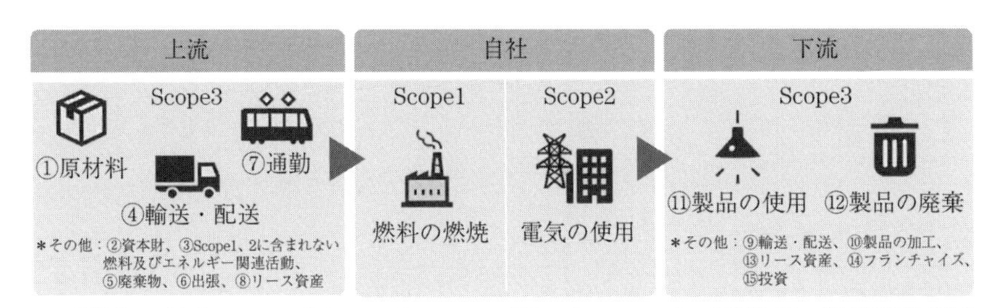

〔出典：グリーン・バリューチェーンプラットフォーム（環境省・経済産業省）〕

図表 3.16　スコープの考え方

なお、スコープ３には、**図表 3.17** に示す 15 のカテゴリ分類があります。

図表 3.17　スコープ３の各カテゴリへの分類

	Scope3 カテゴリ	該当する活動（例）
1	購入した製品・サービス	原材料の調達、パッケージングの外部委託、消耗品の調達
2	資本財	生産設備の増設（複数年にわたり建設・製造されている場合には、建設・製造が終了した最終年に計上）
3	Scope1、2 に含まれない燃料及びエネルギー活動	調達している燃料の上流工程（採掘、精製等） 調達している電力の上流工程（発電に使用する燃料の採掘、精製等）
4	輸送、配送（上流）	調達物流、横持物流、出荷物流（自社が荷主）
5	事業から出る廃棄物	廃棄物（有価のものは除く）の自社以外での輸送（※１）、処理
6	出張	従業員の出張
7	雇用者の通勤	従業員の通勤
8	リース資産（上流）	自社が賃借しているリース資産の稼働（算定・報告・公表制度では、Scope1、2 に計上するため、該当なしのケースが大半）
9	輸送、配送（下流）	出荷輸送（自社が荷主の輸送以降）、倉庫での保管、小売店での販売
10	販売した製品の加工	事業者による中間製品の加工
11	販売した製品の使用	使用者による製品の使用
12	販売した製品の廃棄	使用者による製品の廃棄時の輸送（※２）、処理

13	リース資産（下流）	自社が賃貸事業者として所有し、他者に賃貸しているリース資産の稼働
14	フランチャイズ	自社が主宰するフランチャイズの加盟者のScope1、2に該当する活動
15	投資	株式投資、債券投資、プロジェクトファイナンスなどの運用
その他（任意）		従業員や消費者の日常生活

※1　Scope3基準及び基本ガイドラインでは、輸送を任意算定対象としています
※2　Scope3基準及び基本ガイドラインでは、輸送を算定対象外としていますが、算定頂いても構いません
〔出典：グリーン・バリューチェーンプラットフォーム（環境省・経済産業省）〕

現在のところ、スコープ2までを算定している企業が多いですが、今後はスコープ3までを算定するために、サプライチェーン全体に大きな変革を求める企業が増えていくと考えられます。特に、国内産業部門のCO_2排出量の4割を排出している鉄鋼業界などは、高炉から電炉への転換や水素・アンモニアの活用などが求められていくことは間違いありません。そのため、設備更新のタイミングでの新たな投資が必要となってくると考えられます。

7. 循環型社会形成推進基本計画

平成30年6月に第四次循環型社会形成推進基本計画が公表されました。その中で、国の取組として、次のような内容が示されています。

(1) 持続可能な社会づくりと統合的な取組

本取組として、下記の9項目が挙げられています。政府や企業に対する施策や取組だけではなく、国民自体のライフスタイルの変革が求められる事項も含まれています。

① 地域循環共生圏の形成に向けた施策の推進
② シェアリング等の2Rビジネスの促進、評価
③ 家庭系食品ロス半減に向けた国民運動

④　高齢化社会に対応した廃棄物処理体制
⑤　未利用間伐材等のエネルギー源としての活用
⑥　廃棄物エネルギーの徹底活用
⑦　マイクロプラスチックを含む海洋ごみ対策
⑧　災害廃棄物処理事業の円滑化・効率化の推進
⑨　廃棄物・リサイクル分野のインフラの国際展開

なお、海洋プラスチック問題については、令和元年6月に大阪で開催されたG20で、2050年までに海洋プラスチックごみによる新たな汚染をゼロとすることを目指す「大阪ブルー・オーシャン・ビジョン」が示されました。日本政府は、廃棄物管理（Management of wastes）、海洋ごみの回収（Recovery）、イノベーション（Innovation）、途上国の能力強化（Empowerment）に焦点を当てた、「マリーン（MARINE）・イニシアティブ」を立ち上げました。

(2) 地域循環共生圏形成による地域活性化

地域循環共生圏形成のための取組として下記の3点を挙げています。

①　地域循環共生圏の形成
②　コンパクトで強靭なまちづくり
③　バイオマスの地域内での利活用

(3) ライフサイクル全体での徹底的な資源循環

ライフサイクル全体での資源循環のための取組として下記の3点を挙げています。また、それを図で示すと**図表3.18**のように表せます。

①　開発設計段階での省資源化等の普及促進
②　シェアリング等の2Rビジネスの促進、評価
③　素材別の取組
　・プラスチック資源循環戦略
　・バイオマス（食品ロス削減、食品リサイクル）
　・金属（都市鉱山：小型家電の回収・再資源化）

・土石・建設材料（建築物の強靭化、長寿命化による建設廃棄物の発生抑制）

・その他の製品等（太陽光発電設備の義務的リサイクル制度、おむつリサイクル）

将来像

●第四次産業革命により、「必要なモノ・サービスを、必要な人に、必要な時に、必要なだけ提供する」ことで、ライフサイクル全体で徹底的な資源循環を行う

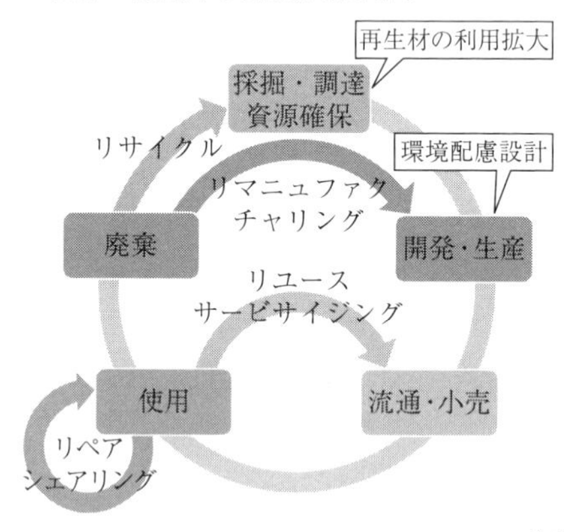

国の取組

●開発設計段階での省資源化等の普及促進
　▶再生材の利用拡大、環境配慮設計、3Dモデリング等

●素材別の取組：プラスチック、バイオマス、金属、土石・建設材料、その他の製品等
　▶「プラスチック資源循環戦略」の策定、施策の推進
　▶食品ロス削減の国民運動、食品廃棄物等の不適正処理対策と食品リサイクルの取組
　▶「都市鉱山からつくる！みんなのメダルプロジェクト」の機運を生かし、小型家電の回収・再資源化を促進
　▶建築物の強靭化、長寿命化による建設廃棄物の発生抑制
　▶太陽光発電設備の義務的リサイクル制度の活用を検討
　▶おむつリサイクルの促進

〔出典：第四次循環型社会形成推進基本計画〕

図表3.18　ライフサイクル全体での資源循環

本項目の技術開発例として次のような例が挙げられています。

ⓐ　サービサイジング、リマニュファクチャリング、リユース、シェアリングなど2R型ビジネスモデルの普及のための技術開発

ⓑ　バイオプラスチック普及のための技術開発

ⓒ　資源回収を最適化するための高度な粉砕・選別技術の開発

ⓓ　急速に普及が進む新製品・新素材についての3Rに関する技術開発

(4) 適正処理の推進と環境再生

適正処理の推進と環境再生のための取組として下記の３点を挙げています。

① 適正処理

・安定的・効率的な処理体制

・地域での新たな価値創出に資する処理施設

・環境産業全体の健全化・振興

② 環境再生

・マイクロプラスチックを含む海洋ごみ対策

・空き家・空き店舗対策

③ 東日本大震災からの環境再生

本項目の技術開発例として次のような例が挙げられています。

ⓐ 廃棄物処理施設等の安全・安定な操業や効率性向上のための技術開発（AI・IoT を含む）

ⓑ 廃棄物発電の更なる高効率化等の廃棄物エネルギー利活用の高度化

ⓒ 廃棄物発電のネットワーク化促進のための技術開発

ⓓ センシング技術を活用した収集運搬効率化

ⓔ 有害廃棄物の適正処理に向けたリスク低減、管理技術の開発

(5) 災害廃棄物処理体制の構築

災害廃棄物処理体制の構築のための取組として下記の３点を挙げています。

① 自治体

・災害廃棄物処理計画

・国民への情報発信、コミュニケーション

② 地域

・地域ブロック協議会

・共同訓練、人材交流の場、セミナーの開催

③　全国

・D. Waste-Net の体制強化

・災害時に拠点となる廃棄物処理施設

・IT 等最新技術の活用

本項目の技術開発例として次のような例が挙げられています。

ⓐ　災害時に発生が予想される有害物質・危険物及び処理困難物の適正処理・再生利用技術の開発

ⓑ　ICT を活用した災害廃棄物処理における情報管理・共有手法の高度化

ⓒ　衛星・空撮画像を活用した災害廃棄物発生量の迅速な推定手法の開発

(6) 適正な国際資源循環体制の構築と循環産業の海外展開

適正な国際資源循環体制の構築と循環産業の海外展開のための取組として下記の3点を挙げています。

①　国際資源循環

・国内外で発生した二次資源を日本の環境先進技術を活かし適正にリサイクル

・アジア・太平洋 3R 推進フォーラム等を通じて、情報共有等を推進

②　海外展開

・我が国の質の高い環境インフラを制度・システム・技術等のパッケージとして海外展開

・災害廃棄物対策ノウハウの提供、被災国支援

8. 環境問題を扱った問題例

環境問題を扱った問題例として次のようなものが想定されます。

【問題例1】

○　地球温暖化は世界共通の大きな問題である。地球温暖化が確実に進行している中で、電気エネルギーは人類にとって必要不可欠なものであって、今後も欠かせない。これまで、発電時の温室効果ガス（GHG）の排出が地球温暖化の要因とされ、再生可能エネルギーの活用が進められてきている。また、温室効果ガスの排出抑制の面からは電気自動車の開発など、多様な取組が進んでいる。しかし、東日本大震災以降、原子力発電所の事故の経験を踏まえて、発電時の温室効果ガスの排出量だけでなく、プラントの建設から廃棄処理まで、ライフサイクル評価することに、ますます関心が高まっている。温室効果ガスの削減目標は各国で決められてはいるが、地球温暖化対策の道筋は不確定要素も多く、先行きが不透明である。このような状況の中、資源の3R（Reduce、Reuse、Recycle）行動や再エネ・省エネ・創エネ・蓄エネなどの個々の対策にとらわれることなく、エンジニアリング問題としての観点からも、総合的な「幅広い予防的アプローチ」をとることが求められている。（令和2年度－2）

(1)　上記を踏まえ、そうした「幅広い予防的アプローチ」をとるうえで、電気電子分野の技術者としての立場で3つ以上の多面的な観点からそれぞれの課題を抽出し、それらの課題の内容を観点ごとに示せ。

(2)　前問(1)で抽出した課題のうち電気電子技術分野に関連して最も重要と考える課題を1つ挙げ、その課題に対する解決策を3つ示せ。

(3)　上記すべての解決策を実行しても新たに生じうるリスクとそれへの対策について、専門技術を踏まえた考えを示せ。

(4)　前問(1)～(3)の業務遂行に当たり、技術者としての倫理、社会の保全の観点から必要となる要件・留意点を述べよ。

【問題例 2】

○ 世界の地球温暖化対策目標であるパリ協定の目標を達成するため、日本政府は令和 2 年 10 月に、2050 年カーボンニュートラルを目指すことを宣言し、新たな削減目標を達成する道筋として、令和 3 年 10 月に地球温暖化対策計画を改訂した。また、国土交通省においては、グリーン社会の実現に向けた「国土交通グリーンチャレンジ」を公表するとともに、「国土交通省環境行動計画」を令和 3 年 12 月に改定した。

このように、2050 年カーボンニュートラル実現のための取組が加速化している状況を踏まえ、以下の問いに答えよ。(想定問題)

(1) 電気電子分野における CO_2 排出量削減及び CO_2 吸収量増加のための取組を実施するに当たり、技術者としての立場で多面的な観点から3つの課題を抽出し、それぞれの観点を明記したうえで、課題の内容を示せ。

(2) 前問(1)で抽出した課題のうち、最も重要と考える課題を 1 つ挙げ、その課題に対する複数の解決策を示せ。

(3) 前問(2)で示したすべての解決策を実行しても新たに生じうるリスクとそれへの対応策について述べよ。

(4) 前問(1)～(3)を業務として遂行するに当たり、技術者としての倫理、社会の持続性の観点から必要となる要点・留意点を述べよ。

【問題例 3】

○ 2020 年 10 月 26 日、第 203 回臨時国会の菅内閣総理大臣所信表明演説において、「2050 年までに、温室効果ガスの排出を全体としてゼロにする、すなわち 2050 年カーボンニュートラル、脱炭素社会の実現を目指す」ことが宣言された。また、「2050 年温室効果ガス実質排出ゼロ」を目指すことを表明した地方自治体も多く存在する。このことを踏まえて

以下の問いに答えよ。(想定問題)

(1)　「2050年温室効果ガス実質排出ゼロ」を達成するための課題を、電気電子技術者としての立場で多面的な観点から３つ抽出し、それぞれの観点を明記したうえで、課題の内容を示せ。

(2)　抽出した課題のうち最も重要と考える課題を１つ挙げ、その課題に対する複数の解決策を示せ。

(3)　すべての解決策を実行しても新たに生じうるリスクとそれへの対策について、専門技術を踏まえた考えを示せ。

(4)　上記事項を業務として遂行するに当たり、技術者としての論理、社会の持続可能性の観点から必要となる要件・留意点を述べよ

【問題例 4】

○　内閣府が提唱するSociety 5.0では、ディジタル技術が今までそれと無縁であった様々な分野に適用されて、今までとはまったく異なる産業構造や社会に変化する将来像が描かれている。これを支える技術として、次世代通信技術をはじめとする様々な要素技術が2020年から次々に利用可能となる。この結果、社会的には人々の働き方の変革から、ビジネスの慣行の転換あるいは競争環境の変化など様々な影響がSociety 5.0の具現化とともに生じることが考えられる。例えば農業分野について考えてみても、業務の行い方、流通の仕方や消費者との関係といったサプライチェーンマネジメント、他業種の参入など様々なことが想定できる。その結果、電気電子分野と農業分野が複合した新たな循環型社会が形成されうる。この例のようにSociety 5.0を推進することで社会・経済的な領域で「新たな循環型社会の構築」が期待される。(令和２年度－1)

(1)　上記を踏まえ、「新たな循環型社会の構築」によって起こりうるサプライチェーンマネジメントを中心にした農業分野の課題を、電気電子分野の技術者としての立場で３つ以上の多面的な観点からそれ

ぞれ抽出し、それらの課題の内容を観点ごとに示せ。

(2)　前問(1)で抽出した課題の中から電気電子技術分野に関連して最も重要と考える課題を1つ挙げ、その課題の解決策を3つ示せ。

(3)　上記すべての解決策を実行して生じる波及効果と専門技術を踏まえた懸念事項への対応策を示せ。

(4)　前問(1)～(3)の業務遂行に当たり、技術者としての倫理、社会の保全の観点から必要となる要件・留意点を述べよ。

【問題例5】

○　近年、地球環境問題がより深刻化してきており、社会の持続可能性を実現するために「低炭素社会」、「循環型社会」、「自然共生社会」の構築はすべての分野で重要な課題となっている。社会資本の整備や次世代への継承を担う電気電子分野においても、インフラ・設備・建築物のライフサイクルの中で、廃棄物に関する問題解決に向けた取組をより一層進め、「循環型社会」を構築していくことは、地球環境問題の克服と持続可能な社会基盤整備を実現するために必要不可欠なことである。このような状況を踏まえて以下の問いに答えよ。(想定問題)

(1)　電気電子分野において廃棄物に関する問題に対して循環型社会の構築を実現するために、技術者としての立場で多面的な観点から3つ課題を抽出し、それぞれの観点を明記したうえで、課題の内容を示せ。

(2)　前問(1)で抽出した課題のうち最も重要と考える課題を1つ挙げ、その課題に対する複数の解決策を示せ。

(3)　前問(2)で示したすべての解決策を実行して生じる波及効果と専門技術を踏まえた懸念事項への対応策を示せ。

(4)　前問(1)～(3)の業務遂行に当たり、技術者としての倫理、社会の持続可能性の観点から必要となる要件、留意点を述べよ。

第4章

エネルギー・資源

エネルギーに関しては、地球温暖化問題や震災に起因する原子力発電所事故、エネルギー資源確保に対する国際的な政治リスクや地政学的リスクなどと密接に関連した問題です。特に、エネルギー資源に乏しい我が国にとっては、国民の生活の安全、安心に直結する問題であるため、エネルギー価格の高騰は市民生活や産業競争力に大きな影響を与えますので、国力維持の点でも無視できない問題といえます。ここでは、第六次エネルギー基本計画、2030年度におけるエネルギー需給の見通し、日本のエネルギー事情、省エネルギー技術戦略、IoE社会のエネルギーシステム、資源（金属資源、水資源、食料確保）の内容を紹介します。

1. 第六次エネルギー基本計画

令和3年10月に、「第六次エネルギー基本計画」が閣議決定されました。その「はじめに」では、『我が国は2020年10月に「2050年カーボンニュートラル」を目指すことを宣言するとともに、2021年4月には、2030年度の新たな温室効果ガス排出削減目標として、2013年度から46％削減することを目指し、さらに50％の高みに向けて挑戦を続けるとの新たな方針を示した。』と示されています。

(1) エネルギー政策の基本的視点

エネルギー政策の基本的視点として、次の「S+3E」を掲げていますが、「新型コロナウイルス感染症の教訓からエネルギー供給においても、サプライチェーン全体を俯瞰した安定供給の確保の重要性が認識されるといった新たな視点も必要となる。」としています。

① 安全性（Safety）を前提

② エネルギーの安定供給（Energy security）を第一

③ 経済効率性の向上（Economic efficiency）による低コストでのエネルギー供給の実現

④ 環境（Environment）への適合

なお、第六次エネルギー基本計画では、「3E+S」の大原則を改めて以下のとおり整理しています。

ⓐ あらゆる前提としての安全性の確保

ⓑ エネルギーの安定供給の確保と強靭化

ⓒ 気候変動や周辺環境との調和など環境適合性の確保

ⓓ エネルギー全体の経済効率性の確保

(2) 2050年カーボンニュートラル時代のエネルギー需給構造

2050年カーボンニュートラル時代のエネルギー需給構造を描くと、以下のようになると示しています。

① 徹底した省エネルギーによるエネルギー消費効率の改善に加え、脱炭素電源により電力部門は脱炭素化され、その脱炭素化された電源により、非電力部門において電化可能な分野は電化される。

② 産業部門においては、水素還元製鉄、CO_2吸収型コンクリート、CO_2回収型セメント、人工光合成などの実用化により脱炭素化が進展する。一方で、高温の熱需要など電化が困難な部門では、水素、合成メタン、バイオマスなどを活用しながら、脱炭素化が進展する。

③ 民生部門では、電化が進展するとともに、再生可能エネルギー熱や水

素、合成メタンなどの活用により脱炭素化が進展する。

④　運輸部門では、EVやFCVの導入拡大とともに、CO_2を活用した合成燃料の活用により、脱炭素化が進展する。

⑤　各部門においては省エネルギーや脱炭素化が進展するものの、CO_2の排出が避けられない分野も存在し、それらの分野からの排出に対しては、DACCS（Direct Air Carbon Capture and Storage）やBECCS（Bio-Energy with Carbon Capture and Storage）、森林吸収源などによりCO_2が除去される（第3章第4項参照）。

(3) 2030年度の日本の電源構成

電源のベストミックスについて議論がなされており、第六次エネルギー基本計画では、2030年度の日本の電源構成は、**図表4.1**のような目標になっています。しかし、安全審査に合格した原子力発電所が稼働できない状況から考えると、原子力の目標の現実性が疑問視されています。

図表4.1　2030年度の電源構成

電源	比率
再生可能エネルギー	36〜38％程度
原子力	20〜22％程度
LNG火力	20％程度
石炭火力	19％程度
石油火力	2％程度

〔出典：エネルギー基本計画〕

2050年にカーボンゼロを目指すとすると、石炭火力や石油火力の新設は難しい一方、既存の発電設備は老朽化しており、2030年時点でどれだけ稼働できるのかは不透明ですので、これらの比率を確保できるかどうかは不明です。なお、LNG火力は他の火力発電に比べると二酸化炭素の排出量が少ないため、過渡期の発電設備として使っていくことになると考えられます。しかし、設備投資を回収する期間を考えると、こちらも新設するということには慎重にならざるを得ません。そのため、新設の大規模発電所に一定期間政府が収入を保証する仕組みなどが検討されています。

なお、異なる性質を持った電源を使って、同時同量という電力需給の特性を維持するには、電力システムの自動化が欠かせないのは事実です。そういったことから、各部門に求められる取組として下記の内容が示されています。

(4) 電力部門に求められる取組

(a) 再生可能エネルギーにおける対応

再生可能エネルギーにおける対応として、「最大限の導入を進めるに当たっては、再生可能エネルギーのポテンシャルの大きい地域と大規模消費地を結ぶ系統容量の確保や、太陽光や風力の自然条件によって変動する出力への対応、電源脱落等の緊急時における系統の安定性の維持といった系統制約への対応に加え、平地が限られているといった我が国特有の自然条件や社会制約への対応や、適切なコミュニケーションの確保や環境配慮、関係法令の遵守等を通じた地域との共生も進めていくことが必要である。」としています。具体的には、「再生可能エネルギーのポテンシャルの大きい北海道等から、大消費地まで送電するための直流送電システムを計画的・効率的に整備すべく検討を加速する。」としています。また、出力変動への対応としては、「当面は火力発電・揚水発電を活用しつつ、更なる蓄電池の普及拡大に向けた取組や、需給調整市場の開設により、より広域的、効果的な調整力の調達を進めるとともに、市場の更なる活用に向けた検討を進める。」としています。さらに、系統の安定性の維持に関しては、「当面は同期電源の運転によって安定性を維持しつつ、同期調相機等の設置や疑似慣性機能等を具備したインバータの導入などのための技術開発や制度的な検討を進めることで、同期発電機の減少に伴う慣性力不足等の技術的な要因により、系統の突発的なトラブル時に生じる広範囲の停電リスク等の低減を図る。」としています。

(b) 原子力における対応

原子力については、「安全を最優先し、経済的に自立し脱炭素化した再生可能エネルギーの拡大を図る中で、可能な限り原発依存度を低減する。」としています。また、「我が国においては、更なる安全性向上による事故リスクの抑制、廃炉や廃棄物処理・処分などのバックエンド問題への対処といった取組により、社会的信頼の回復がまず不可欠である。」としています。一方、EU（欧州連合）においては、ウクライナ問題の影響を受け、原子力と天然ガスは持続可能で地球温暖化に貢献するという方針を2022年に示しています。日本においても、2022年10月から原子力発電の利用についての議論が始まりました。

(c) 水素・アンモニア・CCS・CCU／カーボンリサイクルにおける対応

火力発電の脱炭素化の具体的手法として、「火力発電の脱炭素化に向けては、燃料そのものを水素・アンモニアに転換させることや、排出される CO_2 を回収・貯留・再利用することで脱炭素化を図ることが求められる。」としています。なお、CCS（Carbon dioxide Capture and Storage）は、二酸化炭素回収・貯留技術で、排出された CO_2 を、他の気体から分離して集め、地中深くに貯留・圧入する技術です。また、CCU（Carbon Capture and Utilization）／カーボンリサイクルとは、排出された CO_2 を、他の気体から分離して集め、素材や燃料等に再利用する手法です。

(5) 産業・業務・家庭・運輸部門に求められる取組

(a) 産業部門における対応

産業部門においては、「低温帯の熱需要に対しては、ヒートポンプや電熱線といった電化技術による脱炭素化が考えられるが、設備費用や電気代への対応といったコスト面の課題がある。」としており、「高温帯の熱需要の中には、赤外線による加熱方式などによる電炉といった電化技術による脱炭素化が考えられるが、大規模な高温帯の熱需要に対しては、経済的・熱量的・構造的に対応が困難な場合がある。」としています。そういった状況から、「水素は水素ボイラーの活用により熱需要の脱炭素化に貢献できるのみならず、水素還元製鉄のように製造プロセスそのものの脱炭素化にも貢献し得るなど、産業部門の脱炭素化を可能とするエネルギー源として期待される。」としています。

(b) 業務・家庭部門における対応

業務・家庭部門に対しては、「既築住宅・建築物についても、省エネルギー改修や省エネルギー機器導入等を進めることで、2050年に住宅・建築物のストック平均でZEH・ZEB基準の水準の省エネルギー性能が確保されていることを目指す。」としています。

なお、ZEH（ネット・ゼロ・エネルギー・ハウス）とは、「20％以上の省エネルギーを図った上で、再生可能エネルギー等の導入により、エネルギー消費量を更に削減した住宅について、その削減量に応じて、①『ZEH』（100％以上削減）、② Nearly ZEH（75％以上100％未満削減）、③ ZEH Oriented（再生可能エネルギー導入なし）」と定義されています。なお、「クリーンエネルギー戦略中間整理（経済産業省）」では、建築物省エネ法における対策を強化し、2025年度までに、**図表4.2** に示すように、小規模建築物および住宅の省エネ基準への適合を義務化するとしています。

図表4.2　省エネ基準適合義務の強化

	建築物（非住宅）	住宅
大規模（2,000 m² 以上）	適合義務	2025年度までに適合義務化
中規模（300 m² 以上2,000 m² 未満）	適合義務	
小規模（300 m² 未満）	2025年度までに適合義務化	2025年度までに適合義務化

〔出典：クリーンエネルギー戦略中間整理（経済産業省）〕

また、ZEB（ネット・ゼロ・エネルギー・ビル）とは、「50％以上の省エネルギーを図った上で、再生可能エネルギー等の導入により、エネルギー消費量を更に削減した建築物について、その削減量に応じて、①『ZEB』（100％以上削減）、② Nearly ZEB（75％以上100％未満削減）、③ ZEH Ready（再生可能エネルギー導入なし）」と定義されています。なお、「30～40％以上の省エネルギーを図り、かつ、省エネルギー効果が期待されているものの、建築物省エネ法に基づく省エネルギー計算プログラムにおいて現時点で評価されていない技術を導入している建築物のうち1万 m² 以上を④ ZEB Oriented」と定義しています。

「ストック平均でZEH・ZEB基準の水準の省エネルギー性能が確保」とは、「ストック平均で住宅については一次エネルギー消費量を省エネルギー基準から20％程度削減、建築物については用途に応じて30％又は40％程度削減されている状態」をいいます。

(c) 運輸部門おける対応

乗用車については、「2035年までに、新車販売で電動車100％を実現できるよう、電動車・インフラの導入拡大、電池等の電動車関連技術・サプライチェーン・バリューチェーンの強化等の包括的な措置を講じる。」としています。

商用車については、「8t以下の小型の車について、2030年までに、新車販売で電動車20～30％、2040年までに、新車販売で電動車と合成燃料等の脱炭素燃料の利用に適した車両で合わせて100％を目指し、乗用車と同様に包括的な措置を講じるなど、電動化・脱炭素化を推進する。」としています。

物流分野全体としては、「デジタル化の推進やデータ連携によるAI・IoT等の技術を活用したサプライチェーン全体での大規模な物流効率化、省力化を通じたエネルギー効率向上も進めていくことが必要である。」と提言しています。

船舶分野の脱炭素化については、「ゼロエミッション船の商業運航を従来の目標である2028年よりも前倒しで実現することを目指し、（中略）LNG燃料船、水素燃料電池船、EV船を含め、革新的省エネルギー技術やデジタル技術等を活用した内航近代化・運航効率化にも資する船舶の技術開発・実証・導入促進を推進する。」と示しています。

航空分野の脱炭素化については、「①機材・装備品等への新技術導入、②管制の高度化による運航方式の改善、③持続可能な航空燃料（SAF：Sustainable aviation fuel）の導入促進、④空港施設・空港車両のCO_2排出削減等の取組を推進するとともに、空港を再生可能エネルギー拠点化する方策を検討・始動し、官民連携の取組を推進する。」と示しています。

(6) 蓄電池等による分散型エネルギーリソースの有効活用

変動する再生可能エネルギーの有効利用を図る上では、蓄電池の利用が重要となります。利用が促進されるようになるためには、蓄電池の導入費用が低化する必要があります。本基本計画では、工事費を含む蓄電池システムの価格について、2019年度の推計値と2030年度の目標値を**図表4.3**のように示しています。

図表 4.3　工事費を含む蓄電池システムの価格

	2019年度の価格推計値	2030年度の目標価格
家庭用蓄電システム（工事費含）	18.7万円／kWh	7万円／kWh
業務・産業用蓄電システム（工事費含）	24.2万円／kWh	6万円／kWh

〔出典：エネルギー基本計画の記述より作成〕

また、電力のレジリエンス強化のためにも、地域における地産地消による効率的なエネルギー利用のためにも、再生可能エネルギーやコージェネレーション等の分散型エネルギーリソースの活用が必要となります。そのため、マイクログリッドを含む自立・分散型エネルギーシステムの構築が期待されています。これが実現されれば、電力ネットワーク設備の増強に関わる費用負担や系統運用の効率化にもつながるとされています。また、既存の電力ネットワークを有効活用するために、ノンファーム型接続の適用拡大が進められています。これまで我が国は、発電した電力を流すために必要となる系統の容量を、接続契約を申し込んだ時点で確保しておく方式（ファーム型接続）で電力系統を運用していました。しかし、それでは、時間帯によっては電力系統に余裕があっても、電力を送電できないという問題がありました。これに対して、ノンファーム型接続は、**図表4.4**に示すように、電力系統に余裕がなくなったときは、発電の出力制御を行うことを条件に、送電線の容量が空いている時間帯にだけ接続契約をする方式になります。これによって、送電線の運用容量の引き上げができます。

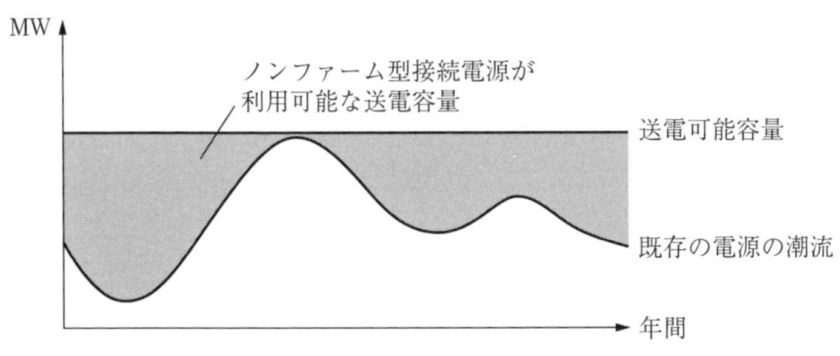

〔出典：2030年度におけるエネルギー需給の見通し〕

図表4.4　ノンファーム型接続による送電線利用イメージ

(7) 電源別の特徴と課題

脱炭素化に活用できる電源については、その特性からそれぞれの特徴と課題を持っています。

(a) 太陽光発電

我が国における太陽光発電の現状としては、すでに国土面積当たりの設備導入容量が世界一となっており、現在では再生可能エネルギーの主力となってきています。累積導入量でも世界第3位となっています。一方、設備を設置する適地が減ってきているのに加え、買取価格の引き下げもあって、今後の導入拡大が難しくなってきています。また、初期に導入された太陽光発電設備の寿命が近づいてきていますので、更新需要は高まっていくと考えられます。しかし、世界における太陽光パネルの製造量の8割が中国となっていますし、主要素材のシリコン等の中国シェアは、2025年までに95％になると推定されていますので、政情の変化によっては、太陽光パネルの供給に支障が出る可能性を秘めています。

(b) 風力発電

風力発電においては、陸上における適地が減少しつつあるため、洋上風力発電への進出が必要となってきています。しかし、着床式の洋上風力発電は水深40～50mが限界とされていますが、我が国の周辺海域は急深な場所が多いため、浮体式洋上風力発電の開発が求められています。大規模な洋上ウインドファームの運用・保守には工事や保守に必要な機材を積みだすことができる港湾と、港湾地域に機器製作や発電設備の整備を行える工場等の施設が必要となります。ですから、洋上風力発電の大幅な開発を行うためには、これらの投資を回収するために、ウインドファームの大規模化が求められます。我が国においては、2021年の大規模な風力発電の海域公募では、1つの企業連合が3海域すべてを総取りしてしまったために、開発権益の上限を設けるべきという落札制限ルールが実施される見込みです。しかし、規模の上限が決められると、企業にとっては投資回収が難しくなりますので、国際的に風力発電のビッグ3となっている会社のうち2社が、我が国での洋上風力発電工場の建設を断念したといわれています。そのことは、洋上風力発電の発電コストの高止まりのリスクをもたらすかもしれません。現在のところ、2030〜2035年頃に着床式洋上風力発電コストを1キロワット時8〜9円にすることを目指しています。また、運用や保守を継続的に行うためには、資格を持った専門のスタッフの養成が欠かせませんが、現在の計画を実現するには、設置する場所の港湾地区に教育機関を誘致し、多くの技術者を養成する必要がありますが、そういった保守人材の不足が懸念されています。

(c) 地熱発電

我が国の地熱資源のポテンシャルは世界第3位ですが、地熱資源の約8割が自然公園内にあるため、地熱のポテンシャルを十分に活かしきれていない状況です。また、開発リスクも高いために、参入をためらう企業も多くあります。しかし、季節や時間変動のない地熱発電は、原子力発電等のベース電源の代替えとなる電源になりえますので、2030年までに倍増を目指しています。なお、地熱発電用タービンの世界シェアの7割を我が国企業が持っているという強みもあります。また、既設の地熱発電所の暦日利用率（仮に100％の出力で一定期間に発電したときに得られる電力量に対する実際の発電量の割合）は60％程度です。予兆診断技術を適用するとそれを高められる実証試験が行われていますが、そういった技術の活用も期待されます。

(d) 水力発電

水力発電は、大規模な施設の新規地点の開発が難しいという課題があります。一方、現在運用されている水力発電設備の多くが、設計・解析・加工技術が未発達な時代に建設されているため、設備を保護するために十分な余裕を持った安全率が設定されており、設備余力があるといわれています。そういった既存設備に、現在利用可能なデジタル技術を活用して効率的に貯水運用を行うことで、発電電力量の増加を図ることが可能と考えられます。

(e) バイオマス発電

バイオマス発電は、災害時のレジリエンス向上、地域産業の活性化を通じた経済・雇用への波及効果が大きいため、地域分散型、地産地消型のエネルギーといえます。ただし、バイオマス発電が普及するためには、バイオマス燃料の安定調達と持続可能性の両面を確保し、燃料費の低減を進めることが必要です。

(f) 原子力発電

原子力発電は、福島第一原発の事故以来は再稼働が進んでいないため、本基本計画で表明された「2030年度の電源構成」の比率を達成できるかどうかも疑問になってきています。一方、原子力発電の全廃を表明していたドイツなどにおいては、ロシア産天然ガスからの脱却のために、原子力発電の停止延期などの検討がなされるなど、原子力発電への回帰が検討されています。我が国においても。新型原子炉などの開発・導入などの点で、新たな議論が行われようとしていますが、国民の不安を解消するためには、時間がかかると考えられます。一方、原子力に関わる技術者の高齢化により現場から離れていく技術者も増えているため、技術伝承の面で時間的な余裕がなくなっているという現実もあります。なお、原子力資源の面では、ウラン濃縮シェアの１位はロシア企業で４割のシェアを持っているため、原子力燃料のロシア依存という課題も浮き彫りになっています。

2. 2030年度におけるエネルギー需給の見通し

エネルギー基本計画の関連資料として「2030年度におけるエネルギー需給の見通し」が令和3年10月に資源エネルギー庁から公表されています。この資料では、2030年度における一次エネルギー供給は4億3千万klを見込んでおり、その内訳は**図表4.5**のようになっています。

図表4.5　一次エネルギー供給の内訳

一次エネルギー	比率
水素・アンモニア	1％程度
再生可能エネルギー	22～23％程度
原子力	9～10％程度
天然ガス	18％程度
石炭	19％程度
石油等	31％程度

〔出典：2030年度におけるエネルギー需給の見通し〕

このように、再生可能エネルギーの利用拡大を図っていく必要がありますが、再生可能エネルギーの設置が可能なエリアとしては、九州や北海道、東北地域が有力となっています。一方、大規模な電力需要が求められているのは都市部であるため、需要地に送電するための送電網が必要となってきます。日本の既設の送電網は各電力会社が、個別に送電対象地域内で整備したもので、ネット状というよりは、小規模なネットが、串団子のように結合された状態になっています。特に、日本では東西地域で周波数が違いますので、東西間は数箇所の周波数変換所で接続されているだけの状況です。ですから、再生可能エネルギーが多く得られる九州や北海道・東北地域で発電された電力の使用比率を上げるためには、新たな送電線の新設・増設が必要となります。本見通しでは、次のような計画が必要とされています。

① 北海道・東京間の海底直流送電線の新設

② 中部・関西間の送電線の増設

③ 九州・中国間の送電線の増設

④ 四国・関西間の送電線の増設

⑤ 九州・四国間の送電線の新設

部門別のエネルギー起源の CO_2 排出量の推移については、本見通しでは、**図表 4.6** のように想定されています。

図表 4.6　部門別エネルギー起源の CO_2 排出量

部門	2013 年度		2030 年度	
	排出量［百万 t-CO_2］	比率	排出量［百万 t-CO_2］	比率
産業	463	37 %	289	43 %
業務	238	19 %	116	17 %
家庭	208	17 %	70	10 %
運輸	224	18 %	146	22 %
転換	103	8 %	56	8 %
合計	1,235	100 %	677	100 %

〔出典：2030 年度におけるエネルギー需給の見通し〕

CO_2 排出量を 46 %削減する目標を達成するためには、各部門で図表 4.5 のような目標を達成しなければなりません。ただし、最終目標は2050年のカーボンゼロですので、さらなる対策が求められます。特に比率が増加している産業部門や運輸部門については、大きな変革が必要となります。

3. 日本のエネルギー事情

「エネルギー白書 2022」では、我が国の最新のエネルギー事情が示されています。

(1) エネルギーの現状

最初に、我が国のエネルギー利用効率についてですが、2019 年における実質

GDP当たりのエネルギー消費量（石油換算トン／実質GDP）は、日本を1.0としたとき、英国（0.9）が最も低くなっており、続いて少ないのが、ドイツ（1.1）フランス（1.2）などで、そのあとに米国（1.8）や韓国（2.8）が続きますが、中国（4.4）やロシア（6.6）は高い値となっています。このように、我が国のエネルギー利用効率は世界的に見て高いことがわかります。一方、エネルギー自給率については、福島第一原子力発電所の事故後の2014年度には6.3％まで落ち込んでいましたが、2020年度には11.2％まで上がってきています。しかし、なお自給率は低水準にあるといえます。

化石エネルギーへの依存度を見ると、2019年の段階では**図表4.7**のようになっており、各国とも相当に高い比率であるのがわかります。

図表4.7　化石エネルギーの依存度（2019年）

	日本	中国	米国	ドイツ	フランス
天然ガス	22.2％	7.3％	33.5％	25.7％	15.5％
石炭	27.8％	61.1％	12.4％	18.3％	3.0％
石油	38.4％	19.1％	35.8％	33.9％	29.3％
合計	88.3％	87.6％	81.8％	77.8％	47.8％

〔出典：エネルギー白書2022〕

なお、フランスは発電量の多くを原子力に依存していますので、化石燃料の依存度が低くなっています。今後は、ウクライナの問題を機に、ロシア産の化石燃料の輸入禁止によって各国の化石エネルギーの依存度が大きく変化していくものと思います。我が国においては、化石燃料の中東依存度が高く、2020年度の依存度は92.0％と高い値になっています。

産業別に生産額に占めるエネルギーコストの高さを比べると、第一位が窯業・土石製品製造業で、セメントなどの製造にエネルギーが多くかかっているのがわかります。第二位が鉄鋼業、第三位がパルプ・紙製造で、第四位が化学工業になっています。これらの産業においては、燃料として化石エネルギーを多く使っています。そういった産業においては、脱炭素化に向けて大きな業務革新が求められると思います。

他の産業においては、使用エネルギーの多くが二次エネルギーである電気になります。我が国の電力化率の推移をみると、1970年度で12.7％であったものが、2000年度には22.1％に増加したのに続き、2010年度には25.3％、2020年度には27.2％と継続して増加してきています。脱炭素化で化石エネルギーからの脱却を考えると、再生可能エネルギーの導入拡大を図る必要があるため、電力化率は今後大幅に増加するのは間違いありません。そういった点で、電気電子部門の技術者が活躍しなければならない分野は拡大していくと考えられます。

(2) 再生可能エネルギー

再生可能エネルギーの導入加速化のために固定価格買取制度（FIT制度）が導入されて以降、2021年7月に再生可能エネルギーの導入量が制度開始前と比べて4倍になり成果を上げてきました。しかし、FIT制度によって電気料金が上がり、国民負担の増大をもたらしています。最近では固定買取価格が下げられてはいますが、国民負担は重いため、負担の抑制が不可欠となっています。2020年6月には「エネルギー供給強靭化法」が成立し、FIP制度、系統増強費用への賦課金投入、太陽光発電設備の廃棄等費用の積立てを担保する制度の導入等の見直しが行われました。なお、FIP制度とは、市場価格に一定のプレミアムを交付する制度です。FIT制度とFIP制度の概要を比較したものが、**図表4.8**になります。

なお、2022年にはウクライナ危機で化石燃料の価格が上がり、さらに国民の負担額が増えているのが実態です。

これまで再生可能エネルギーとしては、太陽光発電が主に拡大してきていましたが、今後は風力発電が拡大していくと考えられています。その中で、洋上風力発電が注目されています。その理由は、陸上よりも洋上の風況が優れているため、設備利用率が高まると考えられるからです。具体的には陸上での設備利用率が世界平均で30％程度であるのに対して、洋上では40％程度が期待されています。また、山間部に設置する場合と比べて、設備の輸送制約がなくな

図表 4.8　FIT 制度と FIP 制度の概要

FIT 制度 （固定価格での買い取り）	目的 ⇒	FIP 制度 （市場価格に一定のプレミアムを交付）
・どの時間帯に売電しても収入は一定であり、市場価格変動リスクを遮断 ・電力会社による全量買取が前提	投資インセンティブ確保	・市場価格に応じて収入が変動するが、収入額は FIT と同程度（発電シフトによる増収機会あり） ・再エネ事業者が売り先を決める柔軟なビジネス
・市場価格によるシグナリングがないため、需給バランス維持には、他電源による調整が必要	国民負担の抑制	・市場価格を踏まえた発電シフト等により、他電源の調整コストを抑制
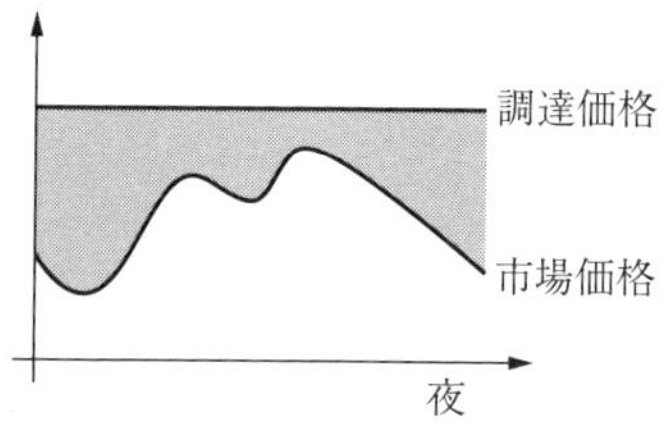 調達価格 市場価格 夜		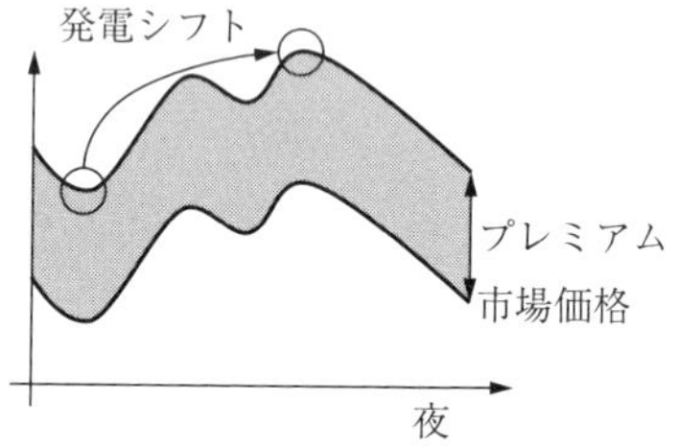 発電シフト プレミアム 市場価格 夜

〔出典：エネルギー白書 2022〕

るため、大型風車の設置が可能となり、発電量当たりの建設コストを抑えられます。また、大規模な洋上風力発電エリアの計画ができますので、コスト競争力が発揮できるのに加えて、部品調達、建設、保守点検などが一定地域に継続的に発生するため、地域活性化への波及効果も期待できます。

再生可能エネルギーを増加させた場合には、時間帯によって再エネ余剰電力が発生することが多くなります。そういった場面で再生可能エネルギーを有効活用するためには、**図表 4.9** に示すように、需要をシフトさせる「上げ DR」を行うことが必要となります。また、逆に需給逼迫時等に需要を抑制する「下げ DR」も行う必要があります。それを実現するためには、時期や時間帯によって電気換算係数を変えて、発電量に対する電気需要の最適化を図っていくことが求められます。

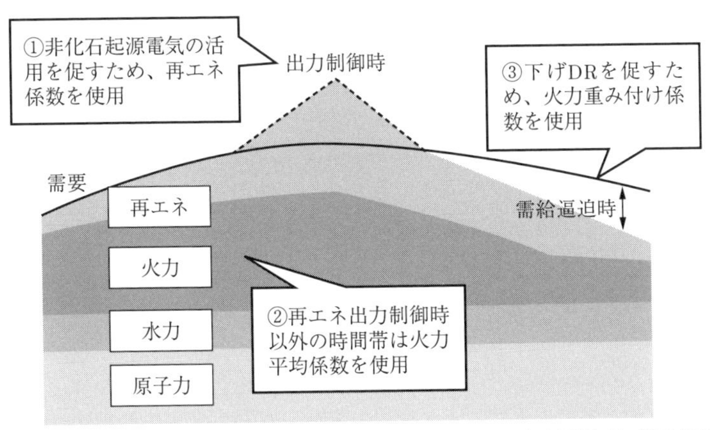

〔出典：クリーンエネルギー戦略中間整理（経済産業省）〕

図表 4.9　電気の需要の最適化のイメージ

(3) 水素・アンモニアの活用

電化によるエネルギー利用が難しいものや運輸部門などについては、水素の活用が進められるものと同白書では示しています。そのため、現在は 100 円／Nm^3 で販売されている水素の供給コストを、2030 年には 30 円／Nm^3 にし、2050 年には 20 円／Nm^3 まで低減して、最終的には化石燃料と同等水準まで低減することを目指すとしています。水素エネルギーの価値の１つとして、まず多様なエネルギー源から製造が可能であるため、エネルギーセキュリティの観点から優れている点があります。なお、化石燃料ベースで製造された水素をグレー水素、二酸化炭素回収・利用・貯留と組み合わせた化石燃料ベースで製造された水素をブルー水素、再生可能エネルギー由来の水素をグリーン水素と呼びます。日本国内だけでは必要な水素をすべて賄うことはできないことから、水素の大規模海上輸送実証事業として、2022 年２月には豪州から液化水素を神戸まで輸送しています。また、ブルネイの未利用ガスから製造した水素を、メチルシクロヘキサン（MCH）を水素キャリアとして利用して川崎まで輸送する実証事業も行われています。水素は燃料電池自動車の燃料として使われるだけではなく、タービンを用いた水素発電にも使われるようになるとしています。

また、水素を使ってアンモニアを製造して、そのアンモニアを火力発電で混焼し、発電燃料として使う方法も有力とされています。理由は、アンモニアの燃焼であれば、既存の石炭火力発電所のバーナー等を変えるだけで対応できますので、初期投資を最小限に抑えながらCO_2排出量の削減に貢献できるからです。なお、アンモニアは火力発電の燃料として利用するだけでなく、船舶用燃料や工業炉、燃料電池などにも活用できます。アンモニアに関しては、2030年までに石炭火力発電で20％のアンモニア混焼を目標にしています。その目標から、2030年には年間300万トンの国内需要を想定しており、それを実現するために、現在の天然ガス価格を下回る10円／Nm^3-H_2台後半での供給を目指しています。

2022年5月に経済産業省から公表された「クリーンエネルギー戦略中間整理」では、水素とアンモニアの用途を**図表4.10**のように示しています。

図表4.10　水素・アンモニアの用途

用途（大分類）	用途（中分類）	水素	アンモニア
電力	石炭火力への混焼・専焼		○
	ガス火力への混焼・専焼	○	
非電力（燃料）	熱利用（工業炉等）	○	○
	船舶等用のエンジン	○（短～中距離）	○（長距離）
	モビリティ・定置用等用の燃料電池	○	
非電力（原料）	水素還元製鉄	○	
	基礎化学品合成	○	

〔出典：クリーンエネルギー戦略中間整理（経済産業省）〕

4. 省エネルギー技術戦略

省エネルギー技術戦略は、資源エネルギー庁から、2030年に向けた省エネルギー技術開発の具体的方向性を示すガイドライン・ロードマップ的な位置づけとして策定されたもので、最新は2019年７月にNEDO（国立研究開発法人新エネルギー・産業技術総合開発機構）から公表されています。その中で、「省エネルギー技術戦略に定める重要技術」として部門別および部門横断に次の技術が挙げられています。

(1) エネルギー転換・供給部門

① 高効率電力供給
・柔軟性を確保した系統側高効率発電
・柔軟性を確保した業務用・産業用高効率発電
・高効率送電
・高効率電力変換
・次世代配電

② 再生可能エネルギーの有効利用
・電力の需給調整

③ 高効率熱供給
・地域熱供給
・高効率加熱

④ 熱エネルギーの有効利用
・熱エネルギーの循環利用
・排熱の高効率電力変換
・熱エネルギーシステムを支える基盤技術

(2) 産業部門

① 製造プロセス省エネ化
・革新的化学品製造プロセス
・革新的製鉄プロセス
・熱利用製造プロセス
・加工技術

・IoT・AI活用省エネ製造プロセス
・革新的半導体製造プロセス

(3) 家庭・業務部門

① ZEB／ZEH・LCCM住宅
・高性能ファサード
・高効率空調技術
・高効率給湯技術
・高効率照明技術
・快適性・生産性・省エネを同時に実現するシステム・評価技術
・ZEB／ZEH・LCCM住宅の設計・評価・運用技術、革新的エネルギーマネジメント技術（xEMS）
② 省エネ型情報機器・システム
・省エネ型データセンター
・省エネ型広域網・端末

(4) 運輸部門

① 次世代自動車
・内燃機関自動車／ハイブリッド車性能向上技術
・プラグインハイブリッド車（PHEV）／電気自動車（BEV）性能向上技術
・燃料電池自動車（FCEV）技術
・内燃機関自動車／ハイブリッド車（重量車）性能向上技術
・PHEV／BEV／FCEV（重量車）の性能向上技術
・車両軽量化技術
・次世代自動車用インフラ
② ITS・スマート物流
・自動走行システム
・交通流制御システム

・スマート物流システム

(5) 部門横断

・革新的なエネルギーマネジメント技術
・高効率ヒートポンプ
・パワーエレクトロニクス技術
・複合材料・セラミックス製造技術

5. IoE 社会のエネルギーシステム

科学技術・イノベーション推進事務局は、戦略的イノベーション創造プログラム（SIP）（詳細は第6章第2項を参照）の一環として、2022年4月に「IoE社会のエネルギーシステム研究開発計画」を公表しています。IoE（Internet of Energy）社会とは、「エネルギーと情報が融合する社会」としており、「エネルギー関連の機器や設備をネットワーク化し、エネルギーシステムとして統括的に捉え、システム全体として最適化を図る取組が求められる。」としています。なお、IoE社会においては、再生可能エネルギー電源を中心とする社会となることを前提にしており、その基盤技術として、次の2項目を挙げています。

① 電力変換／制御技術

超高速デジタル制御とコアパッケージおよび安価が期待される酸化ガリウムパワーデバイスを自在に組み合わせることでユニバーサル性とスマート性を両立させたユニバーサルスマートパワーモジュール（USPM）を実現し、IoE社会でのエネルギー変換のイノベーションを創出する。

② 電力伝送技術

様々な分野の多様な機器に対する電力の自動供給や、空間的・時間的に分散する電気エネルギー源をエネルギーシステムに取り込むワイヤレス電力伝送システム（WPT）の小型・軽量化と伝送可能な電力の大容量化を実現する。

また、Society 5.0（詳細は第6章第1項参照）での要求として、下記の事項を挙げており、これらの要求に対してワイヤレス電力伝送技術によって解決されることが多いとしています。

ⓐ　あらゆるものに効率的・効果的に電力供給を行うE2E（Energy to Everything）が実現できること

ⓑ　二酸化炭素排出量が削減できること

ⓒ　電力・社会インフラが強靭化、ライフラインが安定化できること

なお、IoE社会に求められる要件として、「スマート化（Smart）」、「デジタル化（Digital）」、「強靭化（Resilience）」に富んだ社会の実現が望まれるとしています。さらに、「IoE社会の基盤技術システムをさらにシステム化することによって相乗効果を最大化することが極めて重要としており、IoE社会実現のための「System of Systems」を着実に実践し、社会実装することを目指す」としています。こういったIoE社会のエネルギーシステムのデザインは、地域の産業構造、エネルギー需給構造や再エネの導入可能性に係る地域特性に即して行う必要があるとしています。

さらに、ユニバーサルスマートパワーモジュール（USPM）が求められている代表例として、下記の4つが示されています。

Ⓐ　再生可能エネルギーの電力変換装置

電源の不安定さや異なる電力容量に対し、USPMにより対応可能（個別条件ごとの設計対応を軽減）

Ⓑ　電気自動車

標準化された安価なUSPMにより、開発リードタイムの短縮、システム全体の低価格化が可能

Ⓒ　次世代サーバー用電源

小型化及び低損失化に伴う効率向上、冷却システムの簡略化及び個別条件ごとの設計対応を軽減

Ⓓ　次世代産業用インバータ

産業用ロボットや環境用ロボット等の増加による電力不足や、工場での集中的な稼働から危険な作業場所での稼働といった分散化した電源の不安定さへの対応が可能で、他の電源へのノイズ等の影響の軽減が可能

一方、ワイヤレス電力伝送システム（WPT）によって、下記のような効果が期待できるとされています。

①　強靭化

センサへの屋内給電による安全・安心なセンサネットワークの実現、ドローン活用による災害時等のインフラ点検・早期復旧、社会インフラ・電力網の巡視・点検・監視など

②　利便性・経済性

センサへの屋内給電による工場でのIoT化促進、WPTセンサによる生体センシングや位置把握・管理、見守り、ドローンによる物流革命の推進、ドローン活用による過疎地などへの社会貢献、農業用ドローンの活用など

③　脱炭素・省エネ

WPTセンサ利用による産業負荷低減（メンテフリー）、WPTセンサネットワークによる電力見える化（HEMS、BEMS、FEMS利用）、ドローン輸送の拡大と電力負荷制御（宅配ドローン、ドローンタクシーなど）、ドローンによるメンテナンス等の産業負荷低減など）

6. 資源

資源に関しては、我が国はその多くを輸入に頼っており、持続可能という点では、国際情勢に影響されるため不安定な状況にあるといえます。

(1) 金属資源

金属資源としては、量的に多くを使用しているベースメタルに関しても、その多くを輸入に頼っている状況にあります。具体的には、銅、鉛、亜鉛、鉄、スズ、ボーキサイト（アルミニウム）などは100％海外から輸入されています。こういったベースメタルにおいて懸念されているのが、銅とアルミニウムの供給不足です。電気自動車の生産増加に伴って、電気自動車の車体軽量化に必要なアルミニウムの需要が増加するのに対して、電気を大量に使用するアルミニウム生産、特に再生可能エネルギーで生産されるグリーンアルミニウムを求める需要が大きく増加するものと考えられます。銅についても、再生可能エネルギーの導入拡大に伴い、送電線用の銅の需要が伸びると予想されています。

また、最近重要性を増しているレアメタル（**図表4.11**参照）も多くを輸入に頼っています。

図表4.11　レアメタル

リチウム [Li]	ベリリウム [Be]	ホウ素 [B]	チタン [Ti]	バナジウム [V]
クロム [Cr]	マンガン [Mn]	コバルト [Co]	ニッケル [Ni]	ガリウム [Ga]
ゲルマニウム [Ge]	セレン [Se]	ルビジウム [Rb]	ストロンチウム [Sr]	ジルコニウム [Zr]
ニオブ [Nb]	モリブデン [Mo]	パラジウム [Pd]	インジウム [In]	アンチモン [Sb]
テルル [Te]	セシウム [Cs]	バリウム [Ba]	ハフニウム [Hf]	タンタル [Ta]
タングステン [W]	レニウム [Re]	白金 [Pt]	タリウム [Tl]	ビスマス [Bi]
希土類				

このうちリチウムやコバルト、ニッケルなどは二次電池には欠かせない材料ですし、タングステンやバナジウムは超硬工具に使われています。また、白金（プラチナ）は触媒や排気ガス浄化装置に使われていますし、インジウムは液晶材料として使われています。さらに、ガリウムやタンタルは電子部品に使われています。特に、今後需要が伸びると考えられる電気自動車用の電池に使われる材料については、**図表4.12**に示すとおり、特定の国に多くの比率を依存しているため、供給不安を抱えています。

図表 4.12　世界年間生産量（2020 年）

	1位	2位	3位
リチウム	オーストラリア（48.8 %）	チリ（22.0 %）	中国（17.1 %）
コバルト	コンゴ民主共和国（67.9 %）	ロシア（4.5 %）	オーストラリア（4.1 %）
ニッケル	インドネシア（30.4 %）	フィリピン（12.8 %）	ロシア（11.2 %）

〔出典：日本のエネルギー（資源エネルギー庁）〕

これら以外にも、タングステン鉱石の95 %は中国で生産されていますし、パラジウムの 37.0 %（2021 年）はロシアで生産されていますので、地政学的リスクが高い素材といえます。

図表 4.11 のうち希土類はレアアースとも呼ばれており、**図表 4.13** に示す 17 元素があります。

図表 4.13　レアアース

スカンジウム [Sc]	イットリウム [Y]	ランタン [La]	セリウム [Ce]
プラセオジム [Pr]	ネオジム [Nd]	プロメチウム [Pm]	サマリウム [Sm]
ユウロピウム [Eu]	ガドリウム [Gd]	テルビウム [Tb]	ジスプロシウム [Dy]
ホルミウム [Ho]	エルビウム [Er]	ツリウム [Tm]	イッテルビウム [Yb]
ルテチウム [Lu]			

レアアースで、ネオジムやジスプロシウムなどは永久磁石に使われるため、電気自動車用のモータ材料として重要ですし、イットリウムは固体レーザーなどに使われています。なお、レアアース鉱石の採掘量の60 %は中国が占めていますので、ここでも地政学的リスクが存在します。

(2) 水資源

地球上に存在する水の量は、おおよそ 14 億 km^3 であるといわれており、その内訳は**図表 4.14** のようになっています。

図表 4.14　地球上の水の量

項目		量	比率
海水等		13.51 億 km^3	97.47 %
淡水	氷河等	0.24 億 km^3	1.76 %
	地下水	0.11 億 km^3	0.76 %
	河川・湖沼等	0.001 億 km^3	0.01 %

〔出展：令和3年版　日本の水資源の現況（国土交通省　水管理・国土保全局水資源部）〕

このように、人間が容易に利用できる河川・湖沼等の水の量は、全体の比率からみると非常に少ないのがわかります。また、世界（陸域）の年間降水量は約 1,171 mm ですが、我が国は約 1,697 mm となっており、約 1.4 倍の量となっています。しかし、一人当たりの年降水量で見ると、我が国は約 5,000 m^3／人・年で、世界の一人当たりの年降水量 20,000 m^3／人・年と比べると 4 分の 1 程度となっています。

我が国全体での水収支をみると、令和 4 年版水資源白書によると年平均降水総量は約 6,500 億 m^3 ですが、そのうち約 35 %の約 2,300 億 m^3 は蒸発散しているので、残りの約 4,200 億 m^3 が最大利用することができる理論上の水の量になります。そのうちで、我が国において 1 年間に実際に使用される水の総量は、取水量ベースで約 791 億 m^3 となっており、琵琶湖の貯水量（約 275 億 m^3）の約 3 倍の水量になります。

最近では仮想水（バーチャルウォーター）という考え方も広がってきています。食料の生産のためには多くの水を必要とします。具体的な例としては、1 kg のとうもろこしを生産するのに必要な水は約 1,800 リットル、食パン 1 斤を作るために必要な水は約 600 リットルといわれていますし、200 グラムのステーキを食べるまでに使われる水は約 4,000 リットルといわれています。そういった生産に使われている水の量を仮想水として計算する考え方がありますが、我が国では食料の多くを輸入していますので、仮想水の総輸入量を約 800 億 m^3／年と計算している団体もあります。日本の取水量ベースが約 791 億 m^3

／年ですので、それとほぼ同じ量であるのがわかります。ですから、こういった食料をすべて国内で生産したと仮定すると、現在使用している 2 倍の水が必要という計算になります。このような点までを考慮すると、我が国の水資源の状況は決して楽観できるものではないというのがわかると思います。そういった点で、水循環系の見直しが必要となっています。

一方、日本の地下水は水質が良質であり、水温の変化も少ないことから年間約 100 億 m^3 が使われています。コスト的に見ると、大規模な浄水施設や供給施設を必要としないので、安価に使えますから広い用途に使われています。現在使われている地下水の用途は、**図表 4.15** に示すとおりです。

図表 4.15　用途別の地下水使用量

用途	使用量	比率
生活用水	30.1 億 m^3／年	30.1 %
工業用水	28.9 億 m^3／年	28.8 %
農業用水	28.7 億 m^3／年	28.6 %
養魚用水	9.7 億 m^3／年	9.7 %
消流雪用水	1.2 億 m^3／年	1.2 %
建築物用等	1.7 億 m^3／年	1.7 %

〔出典：令和 4 年版水循環白書〕

なお、湧水として地表に湧き出す水は、観光資源や人の安らぎの場を提供するだけではなく、生物多様性の保全の場や学習の場として活用されています。

一方、国民生活や産業活動を支えるためにこれまで整備されてきた水インフラについては、高度成長期に整備されたものが多いことから、老朽化が進んできています。そういった状況で、地震などの大規模災害が発生した場合、老朽化した施設に大きな損傷が生じる危険性を持っています。もしもそういった状況が発生した場合には、復旧に相当の時間がかかる場合も多くなってきますが、飲料水は迅速な復旧または仮の供給体制が短時間に整備されなければならないため、供給者は事前に何らかの検討をしておく必要があります。長期的には、水関連インフラの維持管理や更新、耐震化対策などが計画的に行われる必要があります。しかし、施設の総数が非常に多いだけではなく、水道管路の総延長も膨大なため、対策については、優先順位を考慮しながら進めていく必要があります。

(3) 食料確保

「令和３年度食料・農業・農村白書」によると、我が国の供給熱量ベースの食料自給率は 37 %で、生産額ベースの食料自給率は 67 %です。なお、供給熱量とは、生命と健康を維持するために不可欠な基礎的栄養価である総熱量（エネルギー）のことですので、生命と健康を維持するために必要な熱量の３分の１しか自給できていないという計算になります。パンや麺類に使われている小麦については、自給率は供給熱量ベースで 15 %（2020 年度）しかありませんし、サラダ油、豆腐、しょうゆなどに使われている大豆でも、自給率は供給熱量ベースで 21 %（2020 年度）しかありません。輸入している国については、**図表 4.16** のとおりです。

図表 4.16　農産物の国別輸入額率（2021 年）

	1位	2位	3位
農産物全体	アメリカ（22.9 %）	中国（10.0 %）	カナダ（7.1 %） オーストラリア（7.1 %）
小麦	アメリカ（45.1 %）	カナダ（35.5 %）	オーストラリア（19.2 %）
大豆	アメリカ（74.8 %）	ブラジル（14.1 %）	カナダ（10.0 %）

〔出典：令和３年度食料・農業・農村白書〕

図表4.16を見るとわかるとおり、主要農産物の輸入に関しては特定の国に依存していることがわかります。金属資源と比べると、比較的、先進国で友好国が多いのですが、3～4 カ国に輸入量のほとんどを依存しているため、そういった国に干ばつなどの自然災害などが発生した際には大きな影響を被ります。また、食料全般でアメリカへの依存度が大きいため、円安などが食料価格に直接影響を及ぼします。そういった点で、食料の自給率を高める必要があるのは当

然ですが、農業生産で必要な肥料原料に関して見てみると、**図表 4.17** のようになっています。

図表 4.17　我が国の肥料原料の輸入相手国（2020 年）

	1 位	2 位	3 位
りん酸アンモニウム	中国（90 %）	アメリカ（10 %）	
塩化加里	カナダ（59 %）	ロシア（16 %）	ベラルーシ（10 %）
尿素	マレーシア（47 %）	中国（37 %）	サウジアラビア（5 %）

〔出典：令和 3 年度食料・農業・農村白書〕

図表 4.17 を見ると、肥料原料についても、特定国への依存度が大きいことがわかります。しかも、中国やロシアへの依存度が高いので、供給面のリスクがあります。

一方、農村の状況をみると、農村では過疎化や高齢化が進み、耕作放棄地が増えてきているだけではなく、農業集落の排水施設などの老朽化も進んできています。そういった点で、ロボットや AI、IoT を活用したスマート農業の導入が求められています。その導入状況は、2021 年の調査によると、30.2 % が「導入している」と回答しており、32.8 % が「導入していないが、導入意向がある」と回答しています。導入に期待する効果（複数回答）としては、**図表 4.18** に示す事項を挙げています。

図表 4.18　スマート農業の導入で期待する効果

期待する効果	比率（%）
農作業の省力化	77.1
農作業の軽労化	66.9
品質・収量の向上	43.9
生産技術・知識の共有・継承	38.9
補助・融資申請等の簡易化	9.4
集出荷など物流作業の効率化	9.2

〔出典：令和 3 年度食料・農業・農村白書〕

このように、農作業の労働に関する期待が高いのがわかります。なお、食肉類の依存度を**図表 4.19** に示します。

図表 4.19　食肉類の国別輸入額率（2021 年）

	1位	2位	3位
牛肉	アメリカ（42.1 %）	オーストラリア（40.5 %）	カナダ（6.9 %）
豚肉	アメリカ（27.1 %）	カナダ（25.7 %）	スペイン（13.4 %）

〔出典：令和 3 年度食料・農業・農村白書〕

食肉類も特定国の依存度が高いのですが、比較的友好国からの輸入が主体となっています。しかし、特定国への偏重傾向は、その国の気象や政治の変化に大きな影響を受けるという点で、リスクがないとはいえません。また、最近では食肉の供給不安も国際的には懸念されており、植物性代替肉や培養肉の研究も進められていますし、昆虫食や増えすぎた鹿などの肉をジビエとして食する動きも出てきています。

なお、円安傾向が続くと、食料品の価格が上がり、家庭の食費が高くつくようになることから、消費者の購買動向にも大きな影響を及ぼします。このように、食料の国産比率が低い我が国には食料枯渇や価格高騰のリスクが常にあることを認識する必要があります。

7. エネルギー問題を扱った問題例

エネルギー問題を扱った問題例として次のようなものが想定されます。

【問題例1】

○　Society 5.0では、持続可能な社会を実現するため、エネルギー需給が管理されるIoE（Internet of Energy）社会の実現に向けて様々な施策が行われている。しかし、現在までにIoEを広域的に社会実装するには至っていない。本問は、IoE社会に向けた施策を早期に広域的な社会に実装するための電気電子技術について、問うものである。（令和3年度−1）

(1)　IoE社会に向けた施策を多様な既存インフラが稼働している状態で広域的に滞りなく、早期に実装するための電気電子技術分野におけるエンジニアリング上の課題を、多面的な観点から3つ抽出し、それぞれの観点を明記したうえで、その課題の内容を示せ。

(2)　抽出した課題のうち最も重要と考える課題を1つ挙げ、その課題に対する複数の解決策を、専門技術用語を交えて示せ。

(3)　すべての解決策を実行して生じる波及効果と専門技術を踏まえた懸念事項への対応策を示せ。

(4)　前問(1)～(3)の業務遂行において必要な要件を、技術者としての倫理、社会の持続可能性の観点から題意に即して述べよ。

【問題例 2】

○　2018年7月に発表されたエネルギー基本計画の中では、2030年に向けた政策対応の1つとして、「徹底した省エネルギー社会の実現」が取り上げられており、業務・家庭部門における省エネルギーの強化、運輸部門における多様な省エネルギー対策の推進、産業部門等における省エネルギーの加速、について記述されている。我が国のエネルギー消費効率は1970年代の石油危機以降、官民の努力により4割改善し、世界的にも最高水準にある。石油危機を契機として1979年に制定された「エネルギーの使用の合理化等に関する法律（省エネ法）」では、各部門においてエネルギーの使用が多い事業者に対し、毎年度、省エネルギー対策の取組状況やエネルギー消費効率の改善状況を政府に報告することを義務付けるなど、省エネルギーの取組を促す枠組みを構築してきた。また、2013年に省エネ法が改正され、2014年4月から需要サイドにおける電力需要の平準化に資する取組を省エネルギーの評価において勘案する措置が講じられるようになった。このような社会の状況を考慮して、以下の問いに答えよ。（想定問題）

(1)　徹底した省エネルギー社会の実現に向けて、あなたの専門分野だけでなく電気電子技術全体にわたる多面的な観点から、業務・家庭、運輸、産業のうち、2つの部門を選んで今後取組むべき技術課題を抽出し、その内容を観点とともに示せ。

(2)　抽出した課題のうち最も重要と考える課題を1つ挙げ、その課題に対する複数の解決策を示せ。

(3)　上記すべての解決策を実行した上で生じる波及効果と専門技術を踏まえた懸念事項への対応策を示せ。

(4)　業務遂行において必要な要件を技術者としての倫理、社会の持続可能性の観点から述べよ。

第5章

災害・危機管理

最近では、東日本大震災以降、地震の発生が増えるとともに、南海トラフ地震、首都直下地震等が遠くない将来に発生する可能性が高くなっているという報道も多くなっています。また、暴風、豪雨、豪雪、洪水、高潮、地震、津波、噴火その他の異常な自然現象に起因する自然災害が激甚化・頻発化している点は多くの国民が感じていることです。ここでは、自然災害、国土強靭化基本計画、経済安全保障推進法、危機管理と事業継続計画（BCP）の内容を紹介します。

1. 自然災害

世界各地で地震や洪水などの自然災害の発生も増えており、災害への対策が強く求められるようになってきています。特に我が国は、災害が起きやすい地質や地形になっていますので、さまざまな視点での検討が必要となります。さらに、東日本大震災の被害を目の当たりにした我が国は、自然の持つ圧倒的な力に対して、社会やシステム、インフラストラクチャの脆弱性を強く認識しました。

(1) 地震災害

災害の中でも被害が甚大であり、その影響度合いも大きいことから、地震に対する対策が強く求められています。特に日本は、海洋プレートと陸側のプレートの境界部に位置しており、太平洋プレートが千島海溝、日本海溝、伊豆・小笠原海溝付近で陸側プレートとフィリピン海プレートの下に沈み込んでいるのに加え、フィリピン海プレートが南西諸島海溝、南海トラフ、駿河トラフ、相模トラフで陸側のプレートに沈み込んでいます。そのような複雑な地形上に位置しているため、日本は世界的に見て極端に地震が多くなっています。2009年から2018年までに世界で発生したマグニチュード6.0以上の地震は1,510回ですが、そのうちの263回（約17.4％）が日本で起きています。

過去の地震の例として、阪神・淡路大震災では、犠牲者の8割以上が建築物の倒壊によって被害を受けていますので、建築物の耐震化が強く求められています。特に、住宅、学校、病院についての耐震化を早急に図る必要があります。そのため、我が国の緊急対策の方針として、次の8点が挙げられています。

① 耐震改修を促進する制度（計画的促進、規制見直し等）
② 耐震化の重点実施（密集市街地、緊急輸送道路沿い）
③ 専門家等の技術向上（講習会開催、簡易工法開発推進等）
④ 費用負担の軽減（補助制度活用、税制度整備検討）
⑤ 安全な資産が評価されるしくみ（地震保険料の割引等）
⑥ 所有者等への普及啓発（ハザードマップ整備等）
⑦ 総合的な対策（敷地、窓ガラス、天井、エレベーター等）
⑧ 家具の転倒防止（固定方法の周知、普及啓発等）

「令和4年版防災白書」では、地震発生時のライフライン・インフラ等への影響を示していますので、それを**図表5.1**に示します。

海溝型地震の場合には周期が2～20秒程度の長期地震動が多く含まれる傾向にあるため、地盤構造によっては振幅が大きくなり、継続時間も長くなる可能性があります。そのため、大規模構造物においては、**図表5.2**に示すような影響があります。

また、コンテナクレーンや長大橋、空港においても、同様の問題があります。さらに、海岸部では液状化が発生する可能性も高いために、下水道管きょ

図表 5.1　ライフライン・インフラ等への影響

ガス供給の停止	安全装置のあるガスメーター（マイコンメーター）では震度5弱程度以上の揺れで遮断装置が作動し、ガスの供給を停止する。さらに揺れが強い場合には、安全のため地域ブロック単位でガス供給が止まることがある。※
断水、停電の発生	震度5弱程度以上の揺れがあった地域では、断水、停電が発生することがある。※
鉄道の停止、高速道路の規制等	震度4程度以上の揺れがあった場合には、鉄道、高速道路などで、安全確認のため、運転見合わせ、速度規制、通行規制が、各事業者の判断によって行われる。（安全確認のための基準は、事業者や地域によって異なる。）
電話等通信の障害	地震災害の発生時、揺れの強い地域やその周辺の地域において、電話・インターネット等による安否確認、見舞い、問合せが増加し、電話等がつながりにくい状況（ふくそう）が起こることがある。そのための対策として、震度6弱程度以上の揺れがあった地震などの災害の発生時に、通信事業者により災害用伝言ダイヤルや災害用伝言板などの提供が行われる。
エレベーターの停止	地震管制装置付きのエレベーターは、震度5弱程度以上の揺れがあった場合、安全のため自動停止する。運転再開には、安全確認などのため、時間がかかることがある。

※　震度6強程度以上の揺れとなる地震があった場合には、広い地域で、ガス、水道、電気の供給が停止することがある。

〔出典：令和4年版防災白書〕

やマンホールの破損などによって交通障害が発生する可能性もあります。こういった被害は修復にも時間がかかるため、インフラ設備の修復に長い時間を要する結果となり、都市機能の麻痺状態が長期化する可能性が高くなります。そのため、公共インフラ等の耐震強化を進めています。その状況は、**図表 5.3** のようになっています。

近年、大規模地震が発生した際に火災の発生が増えています。その原因の多くが電気火災となっており、地震発生時に電気の供給を止める感震ブレーカーの設置が検討されるようになっています。

また、地震が発生した場合には、発生場所から離れた地域においても、交通の寸断や情報通信の途絶という問題が発生しています。特に、交通の寸断は帰

図表 5.2　大規模構造物への影響

長周期地震動※による超高層ビルの揺れ	超高層ビルは固有周期が長いため、固有周期が短い一般の鉄筋コンクリート造建物に比べて地震時に作用する力が相対的に小さくなる性質を持っている。しかし、長周期地震動に対しては、ゆっくりとした揺れが長く続き、揺れが大きい場合には、固定の弱いOA機器などが大きく移動し、人も固定しているものにつかまらないと、同じ場所にいられない状況となる可能性がある。
石油タンクのスロッシング	長周期地震動により石油タンクのスロッシング（タンク内溶液の液面が大きく揺れる現象）が発生し、石油がタンクから漏れ出たり、火災などが発生したりすることがある。
大規模空間を有する施設の天井等の破損、脱落	体育館、屋内プールなど大規模空間を有する施設では、建物の柱、壁など構造自体に大きな被害を生じない程度の地震動でも、天井等が大きく揺れたりして、破損、脱落することがある。

※　規模の大きな地震が発生した場合、長周期の地震波が発生し、震源から離れた遠方まで到達して、平野部では地盤の固有周期に応じて長周期の地震波が増幅され、継続時間も長くなることがある。

〔出典：令和4年版防災白書〕

図表 5.3　公共インフラ等の耐震化状況

公共インフラ等	平成26年度の耐震化状況	令和2年度の耐震化状況
道路	78 %	80 %
鉄道（新幹線）	100 %	100 %
鉄道（在来線）	94 %	98 %
空港	73 %	84 %
港湾	55 %	54 %
下水道施設	44 %	54 %

〔出典：令和4年版防災白書〕

宅困難者が多くなる原因となります。首都圏で昼の12時に地震が発生したと想定した場合の試算として、帰宅困難者は650万人にも上るといわれていましたが、平成23年3月の東日本大震災においては、首都圏で515万人の帰宅困難者が発生しました。東日本大震災の際には、各種の施設で受け入れをしましたが、多くの人が翌朝まで歩き通したという状況が発生しました。今後は、多くの人々がやみくもに移動してしまうような結果にならないように、事前教育を含めて、災害に対する事前対策が必要となります。

なお、地震等の災害が発生した場合には、多くの人が最新の情報を求めますが、東日本大震災では通信インフラが使えず、混乱を大きくするとともに、被害を拡大させました。

なお、地震や津波等に関する特別警報の発表基準は、**図表 5.4** のように定められています。

図表 5.4　津波・火山・地震（地震動）に関する特別警報の発表基準

現象の種類	基準
津波	高いところで３メートルを超える津波が予想される場合 （大津波警報を特別警報に位置づける）
火山噴火	居住地域に重大な被害を及ぼす噴火が予想される場合 （噴火警報（居住地域）※を特別警報に位置づける）
地震 （地震動）	震度６弱以上の大きさの地震動が予想される場合 （緊急地震速報（震度６弱以上）を特別警報に位置づける）

※　噴火警報レベルを運用している火山では「噴火警報（居住地域）」（噴火警戒レベル４又は５）を、噴火警戒レベルを運用していない火山では「噴火警報（居住地域）」（キーワード：居住地域厳重警戒）を特別警報に位置づける。

〔出典：令和４年版防災白書〕

(2) 大雨災害

最近では、地球温暖化の影響から、偏西風が北上したことにより、日本上空の偏西風が弱まり、台風の速度が遅くなったり、線状降水帯によって、特定地域に大量の雨が集中したことを要因とした災害が増えてきています。国土交通白書 2022 によると、１日の降水量が 200 ミリ以上の大雨を観測した日数は、1901 年以降の最初の 30 年と直近の 30 年を比較すると、約 1.7 倍に増加しています。また、１時間降水量 50 ミリ以上の短時間強雨の発生頻度は、1976 年以降の統計期間において、最初の 10 年と直近の 10 年を比較すると、約 1.4 倍に増加しています。気象庁によると、１日の降水量が 200 ミリ以上となる日数や短時間強雨の発生頻度は、全国平均で今世紀末には 20 世紀末の２倍以上になると予想されています。そういった状況から、我が国においては、「土砂災害警戒避難ガイドライン」が平成19年に策定されています。その後、平成26年8月に広島で発生した土砂災害を受け、平成27年4月に改訂版が発行されています。そこには、次のようなポイントが示されています。

ⓐ　土砂災害の危険性の周知

ⓑ　情報の収集

ⓒ　情報の伝達

ⓓ　避難勧告等の発令・解除

ⓔ　安全な避難場所・避難経路の確保

ⓕ　要配慮者への支援

ⓖ　防災意識の向上

大雨による影響を**図表5.5**に示します。なお、線状降水帯とは、「次々と発生する雨雲が列をなし、組織化した積乱雲によって、数時間にわたって同じ場所を通過または停滞することで作り出される、線状にのびる長さ50～300 km程度、幅20～50 km程度の強い降水をともなう雨域」と気象庁は定義しています。

こういった大量の雨によって、河川が増水したり用水路や下水溝を流れる水があふれて、住宅や田畑が水につかる浸水害が生じる可能性が高まります。また、大量の降水によって地盤に多くの水がしみこみ、地盤が緩んで土砂災害が発生する場合があります。場合によっては、山腹や川底の石や土砂が一気に下流に押し流される土石流が発生する可能性もあります。特に、我が国の大都市の多くは洪水時の河川水位より低い低平地に位置していますので、洪水氾濫に対する潜在的な危険性が高いといえます。

なお、気象等に関する特別警報の発表基準は、**図表5.6**のように定められています。

図表 5.5　1時間雨量の変化による影響

<table>
<tr><th>1時間雨量（mm）</th><th>予報用語</th><th>人の受けるイメージ</th><th>人への影響</th><th>屋外の様子</th><th>車に乗っていて</th></tr>
<tr><td>10以上～20未満</td><td>やや強い雨</td><td>ザーザーと降る</td><td>地面からの跳ね返りで足元がぬれる</td><td rowspan="2">地面一面に水たまりができる</td><td></td></tr>
<tr><td>20以上～30未満</td><td>強い雨</td><td>どしゃ降り</td><td rowspan="2">傘をさしていてもぬれる</td><td>ワイパーを速くしても見づらい</td></tr>
<tr><td>30以上～50未満</td><td>激しい雨</td><td>バケツをひっくり返したように降る</td><td>道路が川のようになる</td><td>高速走行時、車輪と路面の間に水膜が生じブレーキが効かなくなる（ハイドロプレーニング現象）</td></tr>
<tr><td>50以上～80未満</td><td>非常に激しい雨</td><td>滝のように降る（ゴーゴーと降り続く）</td><td rowspan="2">傘は全く役に立たなくなる</td><td rowspan="2">水しぶきであたり一面が白っぽくなり、視界が悪くなる</td><td rowspan="2">車の運転は危険</td></tr>
<tr><td>80以上～</td><td>猛烈な雨</td><td>息苦しくなるような圧迫感がある。恐怖を感ずる。</td></tr>
</table>

〔出典：気象庁　予報用語〕

図表 5.6　気象等に関する特別警報の発表基準

<table>
<tr><th>現象の種類</th><th colspan="2">基準</th></tr>
<tr><td>大雨</td><td colspan="2">台風や集中豪雨により数十年に一度の降雨量となる大雨が予想される場合</td></tr>
<tr><td>暴風</td><td rowspan="3">数十年に一度の強度の台風や同程度の温帯低気圧により</td><td>暴風が吹くと予想される場合</td></tr>
<tr><td>高潮</td><td>高潮になると予想される場合</td></tr>
<tr><td>波浪</td><td>高波になると予想される場合</td></tr>
<tr><td>暴風雪</td><td colspan="2">数十年に一度の強度の台風と同程度の温帯低気圧により雪を伴う暴風が吹くと予想される場合</td></tr>
<tr><td>大雪</td><td colspan="2">数十年に一度の降雪量となる大雪が予想される場合</td></tr>
</table>

〔出典：令和4年版防災白書〕

2. 国土強靭化基本計画

強くしなやかな国民生活の実現を図るための防災・減災等に資する国土強靭化基本法（国土強靭化基本法）の第10条に則り、「国土強靭化基本計画」が策定されていますが、最新のものは、平成30年12月に公表されています。

そこでは、基本目標として下記の4点が示されています。

Ⅰ．人命の保護が最大限図られる

Ⅱ．国家及び社会の重要な機能が致命的な障害を受けず維持される

Ⅲ．国民の財産及び公共施設に係る被害の最小化

Ⅳ．迅速な復旧復興

(1)「起きてはならない最悪の事態」について

また、事前に備えるべき目標として8つが示されており、それぞれに「起きてはならない最悪の事態」が次のように定められています。

① 直接死を最大限防ぐ

1－1	住宅・建物・交通施設等の複合的・大規模倒壊や不特定多数が集まる施設の倒壊による多数の死傷者の発生
1－2	密集市街地や不特定多数が集まる施設における大規模火災による多数の死傷者の発生
1－3	広域にわたる大規模津波等による多数の死傷者の発生
1－4	突発的又は広域かつ長期的な市街地等の浸水による多数の死傷者の発生
1－5	大規模な火山噴火・土砂災害（深層崩壊）等による多数の死傷者の発生
1－6	暴風雪や豪雪等に伴う多数の死傷者の発生

② 救助・救急、医療活動が迅速に行われるとともに、被災者等の健康・避難生活環境を確実に確保する

2－1	被災地での食料・飲料水・電力・燃料等、生命に関わる物資・エネルギー供給の停止
2－2	多数かつ長期にわたる孤立地域等の同時発生
2－3	自衛隊、警察、消防、海保等の被災等による救助・救急活動等の絶対的不足
2－4	想定を超える大量の帰宅困難者の発生、混乱
2－5	医療施設及び関係者の絶対的不足・被災、支援ルートの途絶、エネルギー供給の途絶による医療機能の麻痺
2－6	被災地における疫病・感染症等の大規模発生
2－7	劣悪な避難生活環境、不十分な健康管理による多数の被災者の健康状態の悪化・死者の発生

③　必要不可欠な行政機能は確保する

3－1	被災による司法機能、警察機能の大幅な低下による治安の悪化、社会の混乱
3－2	首都圏等での中央官庁機能の機能不全
3－3	地方行政機関の職員・施設等の被災による機能の大幅な低下

④　必要不可欠な情報通信機能・情報サービスは確保する

4－1	防災・災害対応に必要な通信インフラの麻痺・機能停止
4－2	テレビ・ラジオ放送の中断等により災害情報が必要な者に伝達できない事態
4－3	災害時に活用する情報サービスが機能停止し、情報の収集・伝達ができず、避難行動や救助・支援が遅れる事態

⑤　経済活動を機能不全に陥らせない

5－1	サプライチェーンの寸断等による企業の生産力低下による国際競争力の低下
5－2	エネルギー供給の停止による、社会経済活動・サプライチェーンの維持への甚大な影響
5－3	コンビナート・重要な産業施設の損壊、火災、爆発等
5－4	海上輸送の機能の停止による海外貿易への甚大な影響
5－5	太平洋ベルト地帯の幹線が分断するなど、基幹的陸上海上交通ネットワークの機能停止による物流・人流への甚大な影響
5－6	複数空港の同時被災による国際航空輸送への甚大な影響
5－7	金融サービス・郵便等の機能停止による国民生活・商取引等への甚大な影響

5－8	食料等の安定供給の停滞
5－9	異常渇水等による用水供給途絶に伴う、生産活動への甚大な影響

⑥　ライフライン、燃料供給関連施設、交通ネットワーク等の被害を最小限に留めるとともに、早期に復旧させる

6－1	電力供給ネットワーク（発変電所、送配電設備）や都市ガス供給、石油・LPガスサプライチェーン等の長期間にわたる機能の停止
6－2	上水道等の長期間にわたる供給停止
6－3	汚水処理施設等の長期間にわたる機能停止
6－4	新幹線等基幹的交通から地域交通網まで、陸海空の交通インフラの長期間にわたる機能停止
6－5	防災インフラの長期間にわたる機能不全

⑦　制御不能な複合災害・二次災害を発生させない

7－1	地震に伴う市街地の大規模火災の発生による多数の死傷者の発生
7－2	海上・臨海部の広域複合災害の発生
7－3	沿線・沿道の建物倒壊に伴う閉塞、地下構造物の倒壊等に伴う陥没による交通麻痺
7－4	ため池、防災インフラ、天然ダム等の損壊・機能不全や堆積した土砂・火山噴出物の流出による多数の死傷者の発生
7－5	有害物質の大規模拡散・流出による国土の荒廃
7－6	農地・森林等の被害による国土の荒廃

⑧　社会・経済が迅速かつ従前より強靭な姿で復興できる条件を整備する

8－1	大量に発生する災害廃棄物の処理の停滞により復興が大幅に遅れる事態
8－2	復興を支える人材等（専門家、コーディネーター、労働者、地域に精通した技術者等）の不足、より良い復興に向けたビジョンの欠如等により復興できなくなる事態
8－3	広域地盤沈下等による広域・長期にわたる浸水被害の発生により復興が大幅に遅れる事態
8－4	貴重な文化財や環境的資産の喪失、地域コミュニティの崩壊等による有形・無形の文化の衰退・損失

8－5	事業用地の確保、仮設住宅・仮店舗・仮事業所等の整備が進まず復興が大幅に遅れる事態
8－6	国際的風評被害や信用不安、生産力の回復遅れ、大量の失業・倒産等による国家経済等への甚大な影響

(2) 個別施策の分野

国土強靱化に関する個別施策の分野として、本基本計画では、下記の12分野が挙げられています。

①行政機能／警察・消防等／防災教育等、②住宅・都市、③保健医療・福祉、④エネルギー、⑤金融、⑥情報通信、⑦産業構造、⑧交通・物流、⑨農林水産、⑩国土保全、⑪環境、⑫土地利用（国土利用）

国土強靱化基本計画に示された12分野のうち、電気電子分野に関係が深い分野の内容を抜粋して示します。

(a) 住宅・都市分野

○　密集市街地の延焼防止等の大規模火災対策や住宅・建築物・学校等の耐震化の目標が着実に達成されるよう、公園・街路等の活用による避難地・避難路の整備、老朽化マンション等の建替え、建築物の耐震改修を進めるとともに、ブロック塀等の安全対策など、学校や避難路等の安全を確保する取組を推進する。また、中古住宅の建物評価改善等によるリフォームや耐震性に優れた木造建築物の建設等を促進する。これらの取組を推進するために、地方公共団体等への支援策や税制の活用、規制的手法の活用、CLT（直交集成板）を含む新工法や伝統的構法等の研究開発・基準の策定・普及、合同訓練などにより、ハード対策とソフト対策を適切に組み合わせて実施する。さらに、国民向けのわかりやすい広報、啓発を積極的に展開することにより、住宅、建築物の建替えや改修、家具の転倒防止対策を誘発する効果的な取組を推進する。

○　防災拠点、学校施設、社会教育施設、体育施設、医療・社会福祉施設、矯正施設等については、天井等非構造部材を含めた耐震対策、老朽化対策等を進める。また、多数の負傷者が発生した際、被災地内の適切な環境に収容又は被災地外に搬送する場所等の確保に取り組む。

○　超高層建築物等について、東日本大震災の教訓を踏まえ、長周期地震動に対する安全対策を進めるとともに、地下空間等についてハード・ソフト両面からの防災対策を推進する。また、複合的な施設における統括防火・防災管理者による避難誘導や合同訓練等を通じて、災害対応力を向上させる。さらに、住宅や建築物の開口部における飛来物対策など、強風時の飛来物の衝突による被害を抑制する取組を推進する。

○　大規模地震における盛土造成地の滑動崩落や液状化等の宅地被害を防ぐため、全国の大規模盛土造成地や宅地の液状化被害の危険性について調査し、マップの公表・高度化を図るとともに、耐震化を推進するなど、宅地の安全性の「見える化」や事前対策を進める。

○　ライフライン（電気、ガス、上下水道、通信）の管路や施設の耐震化・耐水化と老朽化対策、電気火災防止のために自動的に電力供給を停止する取組等による耐災害性の強化を図るとともに、各家庭・地方公共団体等における飲料水等の備蓄、地下水や雨水・再生水を活用することによる生活用水や医療・消防等に必要な水の確保、自立・分散型エネルギーの導入等によるエネルギー供給源の多様化・分散化等による災害時における各種施設のライフラインの代替機能確保を図る。その際、まとまりのある区画単位を基本として実施することに留意する。また、事業者におけるBCP／BCM（事業継続マネジメント）の構築や関係機関の連携による人材やノウハウの強化を促進することにより、迅速な復旧に資する減災対策を進める。さらに、路面下空洞探査、地下構造物の耐震化と漏水等の点検、修復、空洞の埋め戻し、地盤情報の収集・共有・利活用等の道路の陥没を防ぐ対策を進める。

○　災害時の的確な情報提供、業務・商業地域における地区としての業務継続の取組、一斉帰宅抑制のための取組など、大都市の主要駅周辺等における帰宅困難者・避難者等の安全を確保するための取組について官民が連携して推進する。帰宅困難者対策については、主要駅周辺等における普及、促進を図るとともに、公共・民間建築物の一時滞在施設等としての活用について事前の情報共有、訓練等を通じた対策を強化する。また、指定避難所となる施設等について、非構造部材を含めた耐震対策、自家発電設備、備蓄倉庫の整備や代替水源・エネルギー・衛生環境の確保、施設のバリアフリー化等による防災機能の強化や老朽化対策を進めるとともに、一時滞在施設についても防災機能の強化を促進する。さらに、家族の安全を確信できる条件整備を進めるとともに、円滑な避難・帰宅のための交通施設等の耐災害性の着実な向上を図る。

○　文化財の耐震化等を進めるとともに、展示物・収蔵物の被害を最小限にとどめるため、博物館における展示方法・収蔵方法等の点検や、各地の有形無形の文化を映像等に記録するアーカイブなど、文化財の保存対策を進める。

○　関係機関が連携して津波に強いまちづくりを促進するとともに、都市部における高齢化の進展を見据え、災害時にも高齢者が徒歩で生活し、自立できるようなコンパクトなまちづくりを進める。コンパクトなまちづくりについては、それをネットワークでつなぐ「コンパクト＋ネットワーク」を推進し、対流を起こすことによって、多数の被災者や帰宅困難者を生む原因となる東京一極集中を是正する。

○　住家の被害認定調査の迅速化のための運用改善や発災時に地方公共団体が対応すべき事項について、的確に周知していくとともに、応急仮設住宅等の円滑かつ迅速な供給方策、住宅の応急的な修理の促進方策及び復興まちづくりと連携した住まいの多様な供給の選択肢について検討し、地方公共団体へ方向性を示すなど、必要な取組を進める。

(b) エネルギー分野

○ 我が国の大規模エネルギー供給拠点は太平洋側に集中しており、南海トラフ地震や首都直下地震により供給能力が大きく損なわれるおそれがあるため、これら災害リスクの高い地域へのエネルギー供給拠点の集中を緩和し、「自律・分散・協調」型国土形成・国土利用を促す方策を検討するとともに、個々の設備等の災害対応力や地域内でのエネルギー自給力、地域間の相互融通能力を強化し、エネルギーの供給側と需要側の双方において、その相互補完性・一体性を踏まえたハード対策とソフト対策の両面からの総合的な対策を講じることにより、電力インフラのレジリエンス向上など災害に強いエネルギー供給体制の構築を図る。

○ 製油所・油槽所の緊急入出荷能力の強化や、国家備蓄原油・製品放出の機動性の確保、LP ガスの国家備蓄量の確保・維持に向けた取組を推進するなど、大規模被災時にあっても必要なエネルギーの供給量を確保できるよう燃料供給インフラの災害対応能力の強化に努めるとともに、被災後の供給量には限界が生じることを前提に供給先の優先順位の考え方を事前に整理する。また、減少している末端供給能力（サービスステーションや LP ガス充てん所等）の維持・強化、各家庭や災害時に避難所となる公共施設、学校、災害拠点病院、矯正施設などの重要施設における自家発電設備等の導入、軽油や LP ガスなどの燃料の自衛的な備蓄等を促進する。

○ 石油コンビナートなどのエネルギー供給施設、高圧ガス設備の損壊は、エネルギー供給の途絶のみならず、大規模な火災や環境汚染等に拡大するおそれがあるため、その耐災害性の向上及び防災体制の強化を図る。

○ コージェネレーション、燃料電池、再生可能エネルギー、水素エネルギー、LP ガス等の地域における自立・分散型エネルギーの導入を促進するとともに、スマートコミュニティの形成を目指す。また、農山漁村にあるバイオマス、水、土地などの資源を活用した再生可能エネルギーの導入を推進する。

○　エネルギー輸送に係る陸上・海上交通基盤、輸送体制の災害対応力を強化する。また、非常時の迅速な輸送経路啓開に向けて関係機関の連携等により必要な体制整備を図るとともに、円滑な燃料輸送のための情報共有や輸送協力、諸手続の改善等を検討する。

○　供給側における企業連携型のBCP／BCM構築の持続的な推進を図るとともに、サプライチェーンの確保も念頭に置いた関係機関による合同訓練を実施し、応急復旧に必要な資機材・燃料・人材等の迅速な確保などBCP／BCMの実効性を高める。また、PDCAサイクルにより一層の機能強化や技術開発を推進する。

○　エネルギー全体としての需給構造の強靭化を目指し、中長期のエネルギー需給の動向や国内外の情勢、沿岸部災害リスクも踏まえ、電力・天然ガス等の地域間の相互融通を可能とする全国のエネルギーインフラや輸配送ネットワークの重点的対策や、電源の地域分散化の促進、メタンハイドレートの商業化の実現に向けた調査・研究開発の推進や熱活用等による国産エネルギーの確保を含む国内外の供給源の多角化・多様化に取り組む。

(c)　情報通信分野

○　災害関連情報について、準天頂衛星、地理空間情報（G空間情報）、陸海統合地震津波火山観測網（MOWLAS）などの先進技術やSNS等の活用や、平時及び災害時の各事業者との連携体制の構築により、官・民からの多様な収集手段を確保するとともに全ての国民が正確な情報を確実に入手できるよう、防災行政無線のデジタル化の推進、Lアラート情報の迅速かつ確実な伝達及び高度化の推進、Jアラートと連携する情報伝達手段の多重化等、公衆無線LAN（Wi-Fi）等により旅行者、高齢者・

障害者、外国人等にも配慮した多様な提供手段を確保する。また、地上基幹放送ネットワークの整備、ラジオの難聴対策の推進及びケーブルテレビネットワーク光化等の災害対策を推進する。

○　地域全体の災害対策を着実に推進するとともに、電力及び通信施設／ネットワークそのものの耐災害性を向上させる。また、予備電源装置・燃料供給設備・備蓄設備等の整備により、情報通信施設・設備等の充実強化を図る。

○　各事業者は電気通信設備の損壊又は故障等にかかる技術基準への適合性の自己確認を行うとともに、各府省庁は情報通信システムの脆弱性対策を継続する。

(d) 産業構造分野

○　製造ラインなどの内部設備を含む産業設備の耐災害性の向上のための取組を促進する。また、産業及びサプライチェーンを支えるエネルギー供給、工業用水道、物流基盤等の災害対応力を強化する。さらに、各企業等の事業継続の観点から、サプライチェーンの複線化、部品の代替性の確保、加えて災害リスクが高いエリアを踏まえた工場・事業所等の分散・移転など代替性を確立する方策の検討を促進し、災害に強い産業構造を構築する。

○　各企業に対し、産業活動の継続に必要となる災害時の非常用電源設備の確保に努めるよう促すとともに、大企業と中小企業等が協調して、自家発電設備、燃料備蓄・調達等を関係企業や地域内で融通する仕組みの構築を促進する。その際、迅速な復旧復興に向けて、常時通電が必要な業種・工程等に配慮する。

○　国際的な分業が一層発達し、グローバル・サプライチェーンの動きが深化している状況を踏まえ、個別企業のBCP／BCMの構築に加え、民間企業や経済団体等が連携した、海外の生産拠点を含めたサプライチェーンや被災地外の活動も念頭に置いたグループBCP／BCMや業界BCP／BCM等の構築、災害に強いインフラ整備等に向けた調査・研究を促進する。

○　各企業等におけるBCP／BCMの構築を促進する。中小企業については、地域経済の中核的な役割を果たす企業やサプライチェーンの担い手となる企業を中心に事前の防災・減災対策の支援や普及啓発を一層強化する。また、積極的に取り組む団体を認証する制度の普及促進など民間企業の自主的な取組を促すための環境整備について検討する。

○　ハード対策と並行し、BCP／BCMの実効性の確保・定着に向け、事業継続の仕組み及び能力を評価する枠組み作りや、継続的な教育・訓練等を通じた企業内の人材確保・育成、特に経営者への普及・啓発に努めるとともに、PDCAサイクル等によりBCP／BCMの改善を図る。また、復旧復興を担う建設業における技能労働者等の高齢化の進展などといった人材不足の課題を踏まえ、人材の確保・育成に向けた取組、環境づくりを進める。

○　各企業のBCP／BCMの実効性の一層の向上等を図るため、地方ブロック等において関係府省庁及びその地方支分部局、地方公共団体、経済団体等の連携を進める。

○　企業の本社機能等の地方移転・拡充を積極的に支援するとともに、移転・拡充が円滑に進むよう、事業環境の整備を総合的に推進する。

(e) 交通・物流分野

○　地域の災害特性に応じて、交通・物流施設等の浸水対策や停電対策を含めた耐災害性の向上を図るとともに、それらの老朽化対策、周辺構造物等による閉塞対策等及び沿道区域の適切な管理を進める。特に、人流・物流の大動脈及び拠点、中枢管理機能の集積している大都市の交通ネットワークについては、地震、津波、高潮、洪水、火山噴火、土砂災害、豪雪等、地域の災害特性に応じた備えを早期に講じるほか、災害リスクの高い場所からの分散化を図る。また、ハード対策である施設整備のみならず、陸・海・空路の交通管制等の高度化や訓練の強化、研究開発の推進などソフト対策の充実を図る。さらに、取組へのインセンティブとなるよう、各施設管理者が行う施設の耐災害性向上の進捗状況の公表を進める。

○　我が国の経済を支える人流・物流の大動脈及び拠点については、大規模自然災害により分断、機能停止する可能性を前提に、広域的、狭域的な視点から陸・海・空の輸送モード間の連携による代替輸送ルートを早期に確保するとともに、平常時の輸送力を強化する。特に、その超高速性により国土構造の変革をもたらす「リニア中央新幹線」に関しては、建設主体であるJR東海が、国、地方公共団体等と連携・協力しつつ、整備を推進する。また、雪や大雨などの災害に強く、災害時には代替輸送ルートとして機能する新幹線ネットワークや、大都市圏環状道路などの高速道路ネットワークについてそれぞれ事業評価などの総合的な評価を踏まえた着実な整備、高速道路における暫定2車線区間の4車線化などの機能強化、高規格幹線道路等へのアクセス性の向上等を推進する。その際、「自律・分散・協調」型国土構造の実現に資する観点からも整備を推進する。

○　平常時・災害時を問わない安定的な輸送を確保するため、物流上重要な道路網を「重要物流道路」として指定して、機能強化や重点支援を行うとともに、道路啓開・災害復旧を国が代行することにより、早期の機能確保を図る。また、緊急輸送道路等の耐震補強や道路の斜面崩落防止などの防災対策、信号機電源付加装置を含む交通安全施設等の安全対策を推進する。さらに、道路の閉塞、電力の供給停止、住宅・建物の損壊等を防ぐため無電柱化等を推進する。

○　代替輸送ルートの整備に当たっては、求められる容量及び機能を見極めるとともに、平時も含めて安定的な輸送を確保するために必要なハード対策を行う。また、災害等発生後速やかに代替輸送が機能するよう、交通・物流事業者等は連携強化、企業連携型 BCP 策定を含めた BCP／BCM の充実、訓練などソフト対策の備えを万全にしておく。さらに、台風等で交通網が利用できない事態を想定して、あらかじめ物流の時間調整を行う体制を構築する。

○　大規模津波、地震、洪水、高潮、火山噴火、土砂災害等に備え、避難路・避難地・広域応援の受入拠点等を整備するとともに、避難路・避難地を守るハード対策を推進する。また、自動車を用いることができる者をあらかじめ限定しつつ、渋滞による影響や夜間停電を考慮した徒歩や自転車での避難経路・避難方法や、港の船上や空港の機内など様々な状況を想定した避難方法を検討する。さらに、コンテナ、自動車、船舶、石油タンク等の流出による甚大な二次災害を防ぐため、漂流物防止対策等を推進する。

○　集中的な大雪時に、道路・鉄道等の交通を確保するため、道路管理者間の連携や待避場などのスポット対策等、ソフト・ハード両面において除雪体制の整備を進めるとともに、多数の利用者が取り残されるのを回避するため、道路の通行止めや交通機関の運行中止の的確な判断と早い段階からの利用者への情報提供を行う。

○　交通遮断時の帰宅困難者対策等として、交通情報を確実かつ迅速に提供するため、手段の多重化・多様化を推進するとともに、関係機関が災害リスク等の情報を共有して、徒歩や自転車で安全で円滑に帰宅できる経路の確保を図る。また、鉄道不通時や運行再開時の混乱を防ぐため、代替輸送や運行再開時の相互協力などが速やかに行えるよう関係事業者間における連携体制を強化する。さらに、交通監視カメラや道路管理用カメラ等の活用に加え、官民の自動車プローブ情報の活用や現地調査における自転車等の活用を図るとともに、通行止めや通行状況が道路利用者に確実に伝わるよう、光ビーコン、ETC2.0 等の活用など、道路の通行可否を迅速に把握するための対策を推進する。

○　それぞれの交通基盤、輸送機関が早期に啓開、復旧、運行（運航）再開できるよう、人材、資機材の充実、技術開発を含めて災害対応力を強化する。また、南海トラフ地震等の事態に対応した必要な人員・物資等の調達体制を構築するとともに、ラストマイルも含めて円滑に被災地に供給できるよう、船舶を活用した支援の実施や啓開・復旧・輸送等に係る施設管理者、民間事業者等の間の情報共有及び連携体制の強化とともに、既存の物流機能等を効果的に活用するための体制整備を図る。さらに、貨物鉄道や海上輸送等の大量輸送特性を活かした災害廃棄物輸送体制を構築する。

○　ガソリン等の不足に備え、電気自動車、CNG燃料自動車、LPG燃料自動車・船舶、LNG燃料自動車・船舶など、輸送用燃料タイプの多様化、分散化を図る。

3. 経済安全保障推進法

2022年5月に「経済施策を一体的に講ずることによる安全保障の確保の推進に関する法律（経済安全保障推進法）」が成立し、段階的に施行されていくことになりました。この法律では、安全保障の確保に関する経済施策として次の4つの制度を創設することになっています。

(1) 重要物資の安定的な供給の確保に関する制度

この制度は、「国民の生存や国民生活・経済に甚大な影響のある物資の安定供給の確保を図ることは重要である点を鑑み、特定重要物資を指定し、民間事業者が特定重要物資等の安定供給のための取組計画を作成し、所管大臣の認定を受ける」制度です。特定重要物資とは、「国民の生存に必要不可欠又は広く国民生活・経済活動が依拠している重要な物資で、当該物資又はその原材料等を外部に過度に依存し、又は依存するおそれがある場合において、外部の行為により国家及び国民の安全を損なう事態を未然に防止するため、安定供給の確保を図ることが特に必要と認められる物資」と定義されています。なお、認定を受けた事業者は、生産基盤の整備、供給源の多様化、備蓄、生産技術開発、代替物資開発等の支援を受けることができます。

(2) 基幹インフラ役務の安定的な提供の確保に関する制度

基幹インフラ役務の安定的な提供の確保は安全保障上重要となりますので、重要設備が安定的な供給を妨害する行為の手段として使用される恐れを持っています。そのため、重要設備の維持管理等の委託先を事前に審査し、勧告や命令等ができる制度です。対象分野としては、**図表 5.7** の 14 分野が挙げられています。なお、重要設備には、「機器だけではなく、ソフトウェアやクラウドサービスなどを含む」とされています。

図表 5.7　特定社会基盤事業

電気	ガス	石油	水道	鉄道
貨物自動車運送	外航貨物	航空	空港	電気通信
放送	郵便	金融	クレジットカード	

実際に起きたインフラの大規模障害として 2022 年 10 月にドイツの鉄道網が混乱した事例がありますが、その原因として、通信ケーブルの破壊工作が行われたと公表されています。こういった物理的な攻撃だけではなく、最近のインフラ設備の監視システムはインターネットを介しているものも多くあり、サイバー攻撃に対し十分な備えができていないものが多いといわれています。特に地方自治体が管理している施設においては、サイバーに詳しい専門人材が不在なため、早期の対策も難しいのが実態といわれています。

(3) 先端的な重要技術の開発支援に関する制度

民間部門だけではなく、政府インフラ、テロ・サイバー攻撃対策、安全保障等の様々な分野で今後利用の可能性がある先端的な重要技術の研究開発の促進とその成果の適切な活用は、中長期的に我が国の国際社会における確固たる地位を確保し続ける上で不可欠です。そのため、特定重要技術に対して、必要な情報提供や資金援助、官民伴走支援のための協議会設置などを実施する制度です。なお、特定重要技術は、「先端的な技術のうち、研究開発情報の外部からの不当な利用や、当該技術により外部から行われる妨害等により、国家及び国民の安全を損なう事態を生ずるおそれがあるもの」と定義されており、**図表 5.8** に示す20の技術が挙げられています。

図表 5.8　特定重要技術

分野	技術
輸送・移動	極超音速、輸送
コンピュータ	人工知能・機械学習、先端コンピューティング、マイクロプロセッサ・半導体、量子情報科学
人体	医療・公衆衛生（ゲノム学含む）、脳コンピュータ・インターフェース
領域	宇宙関連、海洋関連
工学・素材	バイオ、先端エンジニアリング・製造、ロボット工学、先端材料科学
ネットワーク	先端監視・測位・センサ、データ科学・分析・蓄積・運用、高度情報通信ネットワーク、サイバーセキュリティ
エネルギー	先端エネルギー・蓄エネルギー、化学・生物・放射線物質及び核

(4) 特許出願の非公開に関する制度

この制度は、「公にすることにより国家及び国民の安全を損なう事態を生ずるおそれが大きい発明が記載されている特許出願につき、出願公開等の手続を留保するとともに、その間、必要な情報保全措置を講じることで、特許手続を通じた機微な技術の公開や情報流出を防止する」制度です。特許庁は上述したおそれのある発明が記載された特許出願を内閣府に送付し、そこで保全審査が行われ、保全対象発明を指定します。保全対象発明に指定された場合に損失を受けた権利者には、通常生ずべき損失が補償されます。なお、保全対象発明の可能性がある場合には、まず日本で出願しなければならないという第一国出願義務が規定されていますので、発明者は特許庁に事前に相談する必要があります。そういった点で、十分に注意する必要があります。なお、同様の制度は、米国や欧州を含むG20の多くの国で実施されているもので、我が国でも整備が行われることになりました。

4. 危機管理と事業継続計画（BCP）

不測の事態に対処するためには、危機管理が重要となりますし、危機発生後の事業継続計画（BCP）も重要な事項となります。

(1) 危機管理の対象事象

危機管理の対象事象は非常に多彩ですが、企業を対象にした危機の事例を挙げると**図表5.9**のような事項があります。

図表5.9　企業の危機事例

項目	事例
産業災害	事業所の火災・爆発、サービス施設等の人身事故、所有車等の事故
環境汚染	廃棄物処理、水質汚濁、大気汚染、騒音問題、化学物質漏出
製品・サービス事故	商品の欠陥、表示上の欠陥、異物混入、リコール隠し、食中毒
経営問題	財務問題、会計問題、贈収賄問題、脱税、労働争議、風説の流布、企業スキャンダル
企業内不祥事	インサイダー、情報漏洩、ハラスメント、人権問題、横領、過労死
自然災害	暴風、豪雨、豪雪、洪水、高潮、地震、津波、噴火等
社会犯罪等	テロリズム、国際的誘拐事件、サイバーセキュリティ
政治的問題	戦争、エネルギー危機、食料問題

図表5.9に示すように、危機にはさまざまな種類や規模の違いがありますが、すべての危機に対応するという考え方として、オールハザードアプローチがあります。オールハザードアプローチは、ひとつの組織行動原則といわれています。

(2) 危機への対応

危機への対応については、次に示すそれぞれの段階での対応が事前に検討され準備されていなければなりません。なお、危機管理においては人の安全だけではなく、危機時の警備対策やサイバーセキュリティ対策も含めて検討する必要があります。

(a) 平常時準備段階

危機管理に向けての準備段階は平常時に行われている必要があります。この活動が適切に実施されるためには、トップがまず危機管理に対する強い意志を示すことが重要とされています。危機発生時に事前に検討した内容が適切に実行されるためには、危機管理委員会や実行チームを組織して、組織の責務や活動方針、社会的な要請などを具体的に検討しなければなりません。

(b) 事前作業段階

この段階では、想定される危機の洗い出しやその影響度合いを個々に検討し、その結果に基づいて、危機管理計画の策定や緊急対策本部等の危機管理体制の準備、危機時の連絡体制の整備などを行っていきます。また、危機発生の際に必要となる資機材の備蓄の方法や各種マニュアル類の整備、教育訓練などを実施していきます。重要なことは、危機の種類や、被害額、組織のミッションによって資機材の備蓄内容が異なってきますので、さまざまな観点からの検討が必要となります。それに加えて、シミュレーションによる事故対応訓練の実施や、マスコミ対策としてのメディア対応訓練も必要となります。

(c) 緊急事態対応段階

この段階では、危機発生やその予兆の早期発見において迅速な行動が求められます。そのため、起こっている事態を正確に知るための情報収集力が大きく影響しますし、集まってきた情報を分析し、評価する機能が重要となります。しかし、対象事象の内容によっては、判断が難しくなる場合もありますので、責任者のリーダーシップが非常に重要となります。緊急時においては迅速性を求められる場合も多いため、事前に定めた危機管理マニュアルに規定されたルールや手順の実施が難しい場合には、柔軟な対応が求められます。

適切な対応を実施する機能は重要ですが、現在の状況や今後の方向性などを適切な時期に広報する機能も重要となります。緊急時の広報活動においては、人的被害の低減や安全確保のための広報活動だけではなく、社会的信頼を確保するための広報活動も重要となりますので、そういった視点での広報活動を徹底する必要があります。

(d) 事後復旧段階

緊急事態が収束し始めたら、できるだけ短い時間で組織を平常状態に戻す必要があります。そのためには、復旧対策についてもマニュアル化しておかなければなりません。特に重要な点は、再発防止策の検討と早期の公表、信頼回復を図るための対応になります。また、計画されていた危機管理活動の効果を測定するとともに評価を行い、計画の有効性や手順の的確性を検証して、必要であれば修正を行って、次の危機に備える対応を行います。

(3) 危機管理マニュアル

危機管理マニュアルは、危機発生時に要求される緊急時対応を円滑に実施するために策定されるものです。危機管理マニュアルの実効性を高めるためには、想定リスクを明確にするとともに、それぞれのリスクに対する判断基準や必要な活動項目を明確に記載する必要があります。また、マニュアルの内容は、それぞれの担当者の役割や他部署との関連が把握しやすいようにしておかなければ、危機発生時に複数部署の連携が十分にとれずに、結果として適切な対応が難しくなる危険性があります。そのため、危機管理マニュアルは以下の要件を満たすように作成する必要があります。

①　体系的・階層的に構成する
②　対象事象や対応方針を明確にする
③　対応組織や体制が明確である
④　責任と権限が明確である
⑤　見直しや改正の手続きが明確である

なお、危機管理計画マニュアルが本来使われるべき場面は、突発的な状況といえますので、ゆっくり内容を読んで取るべき行動を検討するというわけにはいきません。そのため、危機管理活動の業務フローやチェックリストを合わせて作成しておくと、限られた時間の中で自分がどう行動すべきかを素早く理解し、行動に移すことができるようなります。さらに、単に机上でマニュアルを検討するだけにとどまらず、訓練において経験した内容を取り込んで、より現実的なものに更新していくことも重要となります。

(4) 事業継続マネジメント

令和3年4月に内閣府が改定した『事業継続ガイドライン』によると、「大地震等の自然災害、感染性のまん延、テロ等の事件、大事故、サプライチェーン（供給網）の途絶、突発的な経営環境の変化など不測の事態が発生しても、重要な事業を中断させない、または中断しても可能な限り短い期間で復旧させるための方針、体制、手順等を示した計画のことを事業継続計画（BCP：Business Continuity Plan）と呼ぶ。」と示しています。事業継続計画（BCP）において、考えなければならない主要なポイントは次のものです。

① 優先して継続する中核事業は何か
② 初動で何をすべきか
③ 緊急時における中核事業の目標復旧時間
④ 提供できるサービスレベル
⑤ 指揮命令体制
⑥ 生産設備や仕入ルートの代替案　など

また、同ガイドラインでは、「BCP策定や維持・更新、事業継続を実現するための予算・資源の確保、事前対策の実施、取組を浸透させるための教育・訓練の実施、点検、継続的な改善などを行う平常時からのマネジメント活動は、事業継続マネジメント（BCM：Business Continuity Management）と呼ばれ、経営レベルの戦略的活動として位置付けられるものである。」としています。このように、事業継続マネジメントは、取引先や投資家からの信頼を勝ち取るためや、企業の競争力を強化するためにも欠かせない活動といえます。なお、同ガイドラインでは、企業における事業継続マネジメントと関係が深い防災活動と事業継続マネジメントの比較を**図表 5.10** のように示しています。

図表 5.10　企業における従来の防災活動と事業継続マネジメントの比較

	企業の従来の防災活動	企業の事業継続マネジメント（BCM）
主な目的	・身体・生命の安全確保 ・物的被害の軽減	・身体・生命の安全確保に加え、優先的に継続・復旧すべき重要業務の継続または早期復旧
考慮すべき事象	・拠点がある地域で発生することが想定される災害	・自社の事業中断の原因となり得るあらゆる発生事象（インシデント）
重要視される事項	・以下を最小限にすること 死傷者数、損害額 ・従業員等の安否を確認し、被災者を救助・支援すること ・被害を受けた拠点を早期復旧すること	・死傷者数、損害額を最小限にし、従業員等の安否確認や、被災者の救助・支援を行うことに加え、以下を含む。 ○重要業務の目標復旧時間・目標復旧レベルを達成すること ○経営及び利害関係者への影響を許容範囲内に抑えること ○収益を確保し企業として生き残ること
活動、対策の検討の範囲	・自社の拠点ごと ○本社ビル ○工場 ○データセンター等	・全社的（拠点横断的） ・サプライチェーン等依存関係のある主体 ○委託先 ○調達先 ○供給先　等
取組の単位、主体	・防災部門、総務部門、施設部門等、特定の防災関連部門が取り組む	・経営者を中心に、各事業部門、調達・販売部門、サポート部門（経営企画、広報、財務、総務、情報システム等）が横断的に取り組む
検討すべき戦略・対策の種類	・拠点の損害抑制と被災後の早期復旧の対策（耐震補強、備蓄、二次災害の防止、救助・救援、復旧工事　等）	・代替戦略（代替拠点の確保、拠点や設備の二重化、OEM の実施　等） ・現地復旧戦略（防災活動の拠点の対策と共通する対策が多い）

〔出典：事業継続ガイドライン：令和３年４月改定（内閣府）〕

5. 災害を扱った問題例

災害を扱った問題例として次のようなものが想定されます。

【問題例 1】

○ 動作環境の不確かな多種多様のハードやソフトが混在する大規模なインフラシステムがインターネットで相互につながることで、システム全体の機能が低下し、また動作の予測可能性が低下するケースが発生している。しかしながらその中で、災害時及び緊急時においてもシームレスで安心かつ安全なサービスを提供するための事前に予防する仕組み、つまり言い訳の余地がないように対策をはじめから講じておく仕組みを実現する必要に迫られている。こうした状況を踏まえ、電気電子技術について以下の問いに答えよ。(令和3年度－2)

(1) 各種システムが相互につながった中で災害時及び緊急時においてもシームレスで安心かつ安全なサービスを提供することはサービス事業者の使命である。この点を踏まえ、エンジニアリング問題としてサービス中断を事前に予防する仕組みに関して、多面的な観点から3つの課題を抽出し、それぞれの観点を明記したうえで、その課題の内容を示せ。

(2) 抽出した課題のうち最も重要と考える課題を1つ挙げ、その課題に対する複数の解決策を、専門技術用語を交えて示せ。

(3) すべての解決策を実行しても新たに生じうるリスクとそれへの対策について、専門技術を踏まえた考えを示せ。

(4) 前問(1)～(3)の業務遂行において必要な要件を、技術者としての倫理、社会の持続可能性の観点から題意に即して述べよ。

【問題 2】

○　近年、災害が激甚化・頻発化し、特に、梅雨や台風時期の風水害（降雨、強風、高潮・波浪による災害）が毎年のように発生しており、全国各地の陸海域で、電力施設、通信施設や住民の生活基盤に甚大な被害をもたらしている。こうした状況の下、国民の命と暮らし、経済活動を守るためには、これまで以上に、新たな取組を加えた幅広い対策を行うことが急務となっている。(想定問題)

(1)　災害が激甚化・頻発化する中で、風水害による被害を、新たな取組を加えた幅広い対策により防止又は軽減するために、電気電子技術者としての立場で多面的な観点から３つ課題を抽出し、それぞれの観点を明記したうえで、課題の内容を示せ。

(2)　前問(1)で抽出した課題のうち最も重要と考える課題を１つ挙げ、その課題に対する複数の解決策を示せ。

(3)　前問(2)で示したすべての解決策を実行しても新たに生じうるリスクとそれへの対応策について、専門技術を踏まえた考えを示せ。

(4)　前問(1)～(3)を業務として遂行するに当たり、技術者としての倫理、社会の持続性の観点から必要となる要件・留意点を述べよ。

【問題例3】

○　我が国は、暴風、豪雨、豪雪、洪水、高潮、地震、津波、噴火その他の異常な自然現象に起因する自然災害に繰り返しさいなまれてきた。自然災害への対策については、南海トラフ地震、首都直下地震等が遠くない将来に発生する可能性が高まっていることや、気候変動の影響等により水災害、土砂災害が多発していることから、その重要性がますます高まっている。

こうした状況下で、「強さ」と「しなやかさ」を持った安全・安心な国土・地域・経済社会の構築に向けた「国土強靭化」（ナショナル・レジリエンス）を推進していく必要があることを踏まえて、以下の問いに答えよ。（想定問題）

(1)　ハード整備の想定を超える大規模な自然災害に対して安全・安心な国土・地域・経済社会を構築するために、電気電子技術者としての立場で多面的な観点から課題を抽出し分析せよ。

(2)　(1)で抽出した課題のうち最も重要と考える課題を1つ挙げ、その課題に対する複数の解決策を示せ。

(3)　(2)で提示した解決策に共通して新たに生じうるリスクとそれへの対策について述べよ。

(4)　(1)～(3)を業務として遂行するに当たり必要となる要件を、技術者としての倫理、社会の持続可能性の観点から述べよ。

第6章

科学技術

科学技術に関しては、最近では我が国の国際競争力に陰りが見えてきているといわれており、さまざまな面で国際的な順位が下がってきています。その結果、産業競争力にも陰りが出てきており、国力の衰退が懸念されるような事態となってきています。ここでは、科学技術・イノベーション基本計画、戦略的イノベーション創造プログラム（SIP）、ムーンショット型研究開発、情報通信技術の内容を紹介します。

1. 科学技術・イノベーション基本計画

令和3年3月に第6期科学技術・イノベーション基本計画が公表されました。第5期計画ではSociety 5.0が提唱されましたが、第6期計画では、これを国内外の情勢変化を踏まえて具体化させていく必要があるとしています。なお、Society 5.0は、狩猟社会（Society 1.0）、農耕社会（Society 2.0）、工業社会（Society 3.0）、情報社会（Society 4.0）に続く、「サイバー空間（仮想空間）とフィジカル空間（現実空間）を高度に融合させたシステムにより、経済発展と社会的課題の解決を両立する、人間中心の社会（Society）」とされています。

(1) 我が国が目指す社会（Society 5.0）

本計画では、我が国が目指す社会を、「直面する脅威や先の見えない不確実な状況に対し、持続可能性と強靭性を備え、国民の安全と安心を確保するとともに、一人ひとりが多様な幸せ（well-being）を実現できる社会」とまとめています。

(a) 国民の安全と安心を確保する持続可能で強靭な社会

本計画では、国民の安全と安心を確保する持続可能で強靭な社会を次のように示しています。

> 我が国の社会や国民生活は、災害、未知の感染症、サイバーテロなど様々な脅威にさらされているとともに、我が国を取り巻く安全保障環境が一層厳しさを増しており、国民の大きな不安の根源の一つとなっている。また、これらの脅威に加え、米中による技術覇権争いの激化、国際的なサプライチェーンの寸断リスクや技術流出のリスクが顕在化するなど、安定的かつ強靭な経済活動を確立することも求められており、我が国の技術的優越の維持・確保が鍵となる。
>
> さらに、環境問題については、人間活動の増大が、地球環境へ大きな負荷をかけており、気候変動問題や海洋プラスチックごみ問題、生物多様性の損失などの様々な形で地球環境の危機をもたらしている。今を生きる現世代のニーズを満たしつつ、将来の世代が豊かに生きていける社会を実現するためには、食品ロス問題をはじめとする従来型の大量生産・大量消費・大量廃棄の経済・社会システムや日常生活を見直し、少子高齢化や経済・社会の変化に対応した社会保障制度等の国内における課題の解決に向け、環境、経済、社会を調和させながら変革させていくことが不可欠となっている。
>
> （後略）

(b) 一人ひとりの多様な幸せ（well-being）が実現できる社会

本計画では、一人ひとりの多様な幸せ（well-being）が実現できる社会を次のように示しています。

（前略）

Society 5.0の世界で達成すべきものは、経済的な豊かさの拡大だけではなく、精神面も含めた質的な豊かさの実現である。そのためには、誰もが個々に自らの能力を伸ばすことのできる教育が提供されるとともに、その能力を生かして働く機会が多数存在し、さらには、より自分に合った生き方を選択するため、同時に複数の仕事を持つことや、仮に失敗したとしても社会に許容され、途中でキャリアを換えることも容易であるといった環境が求められる。しかも、そうした働き方によって、生活の糧が得られるとともに、家族と過ごせる時間や趣味や余暇を楽しめる時間が十分に確保されなければならない。

また、多くの国民が人生100年時代に健やかで充実した人生を送るため、健康寿命の延伸だけでなく、いくつになっても社会と主体的に関われるような、いわば「社会参加寿命（社会と主体的に関わることができる期間の平均）」の延伸に取り組むことが求められる。

（後略）

(2) Society 5.0の実現に必要なもの

本計画では、Society 5.0の実現に必要なものとして次の3つを挙げています。

(a) サイバー空間とフィジカル空間の融合による持続可能で強靭な社会への変革

『鍵となるのが、Society 5.0の前提となる「サイバー空間とフィジカル空間の融合」という手段と、「人間中心の社会」という価値観である。Society 5.0では、サイバー空間において、社会のあらゆる要素をデジタルツインとして構築し、制度やビジネスデザイン、都市や地域の整備などの面で再構築した上で、フィジカル空間に反映し、社会を変革していくこととなる。その際、高度な解析が可能となるような形で質の高いデータを収集・蓄積し、数理モデルやデータ解析技術によりサイバー空間内で高度な解析を行うという一連の基盤（社会基盤）が求められる。』と示しています。

(b) 新たな社会を設計し、価値創造の源泉となる「知」の創造

『新たな社会を設計し、その社会で新たな価値創造を進めていくためには、多様な「知」が必要である。特にSociety 5.0への移行において、新たな技術を社会で活用するにあたり生じるELSIに対応するためには、俯瞰的な視野で物事をとらえる必要があり、自然科学のみならず、人文・社会科学も含めた「総合知」を活用できる仕組みの構築が求められている』と示しています。

なお、ELSI（Ethical, Legal and Social Implications/Issues）は、倫理的・法的・社会的な課題をいいます。また、総合知とは、『自然科学の「知」や人文・社会科学の「知」を含む多様な「知」が集い、新しい価値を創造する「知の活用」を生むこと。』とされています。総合知の活用に向けては、『属する組織の「矩（のり）」を超え、専門領域の枠にとらわれず、多様な知を持ち寄るとともに、十分に時間をかけて課題を議論し、「知」を有機的に活用することで、新たな価値や物の見方・捉え方を創造するといった「知の活力」を生むアプローチが重要』とされています。

(c) 新たな社会を支える人材の育成

『Society 5.0時代には、自ら課題を発見し解決手法を模索する、探究的な活動を通じて身につく能力・資質が重要となる。世界に新たな価値を生み出す人材の輩出と、それを実現する教育・人材育成システムの実現が求められる。』としています。また、『直接本物に触れる経験が減少していく中、Aを含むSTEAM教育等を通して、直接本物に触れる経験を積み重ね、感性や感覚を磨いていくことが一層重要になる。』と示しています。なお、STEAM教育は、Science、Technology、Engineering、Art(s)、Mathematics等の各教科での学習を実社会での問題発見・解決に生かしていくための教科等横断的な教育です。

(3) Society 5.0の実現に向けた科学技術・イノベーション政策

本計画では、Society 5.0の実現に向けた科学技術・イノベーション政策として次の内容が挙げられています。

(a) 国民の安全と安心を確保する持続可能で強靱な社会への変革

① サイバー空間とフィジカル空間の融合による新たな価値の創出

② 地球規模課題の克服に向けた社会変革と非連続なイノベーションの推進

③ レジリエントで安全・安心な社会の構築

④ 価値共創型の新たな産業を創出する基盤となるイノベーション・エコシステムの形成

⑤ 次世代に引き継ぐ基盤となる都市と地域づくり（スマートシティの展開）

⑥ 様々な社会課題を解決するための研究開発・社会実装の推進と総合知の活用

(b) 知のフロンティアを開拓し価値創造の源泉となる研究力の強化

① 多様で卓越した研究を生み出す環境の再構築

② 新たな研究システムの構築（オープンサイエンスとデータ駆動型研究等の推進）

③ 大学改革の促進と戦略的経営に向けた機能拡張

(c) 一人ひとりの多様な幸せと課題への挑戦を実現する教育・人材育成

① 探究力と学び続ける姿勢を強化する教育・人材育成システムへの転換

2. 戦略的イノベーション創造プログラム（SIP）

戦略的イノベーション創造プログラム（SIP）とは、内閣府総合科学技術・イノベーション会議が司令塔機能を発揮して、府省の枠や旧来の分野を超えたマネジメントにより、科学技術イノベーション実現のために創設した国家プロジェクトです。令和3年12月に内閣府の科学技術・イノベーション推進事務局が公表した、令和5年度から開始される次期戦略的イノベーション創造プログラム（SIP）において、次のような課題が挙げられています。

(1) 次期SIPの課題

次期SIPでは、『我が国が目指す社会像「Society 5.0」の実現に向けて、従来の業界・分野の枠を越えて、革新技術の開発・普及や社会システムの改革が求められる領域をターゲット領域として設定する。』としており、次のような課題を挙げています。（出典：内閣府資料「次期SIPの課題候補の選定について」）

① 豊かな食が提供される持続可能なフードチェーンの構築

食料安全保障やカーボンニュートラル、高齢化社会への対応に向けて、食料の調達、生産、加工・流通、消費の各段階を通じて、豊かさを確保しつつ、生産性向上と環境負荷低減を同時に実現するフードチェーンを構築する。

② 統合型ヘルスケアシステムの構築

患者や消費者のニーズに対し、医療・ヘルスケア等の限られたリソースを、デジタル化や自動化技術で最大限有効かつ迅速にマッチングするシステムを構築する。

③ 包摂的コミュニティプラットフォームの構築

性別、年齢、障がいなどに関わらず、多様な人々が社会的にも精神的にも豊かで暮らしやすいコミュニティを実現するため、プライバシーを完全に保護しつつ、社会活動への主体的参加を促し、必要なサポートが得られる仕組みを構築する。

④ ポストコロナ時代の学び方・働き方を実現するプラットフォームの構築

ポストコロナ社会に向けて、オンラインでも対面と変わらない円滑なコミュニケーションができ、地方に住んでいても大都市と変わらない教育や仕事の機会が提供され、さらに、多様な学び方、働き方が可能な社会を実現するためのプラットフォームを構築する。

⑤ 海洋安全保障プラットフォームの構築

世界有数の海洋国家である我が国にとって安全保障上重要な海洋の保全や利活用を進めるため、海洋の各種データを収集し、資源・エネルギーの確保、気候変動への対応などを推進するプラットフォームを構築する。

⑥ スマートエネルギーマネジメントシステムの構築

地域において、地域が有する資源や生活形態に応じて、エネルギーの製造、輸送、使用までの各段階での省エネ、再エネ利用、バッテリー・水素利用を最適に設計管理し、CO_2 排出を最小化するとともに、安定供給を実現するマネジメントシステムを構築する。

⑦　サーキュラーエコノミーシステムの構築

大量に使用・廃棄されるプラスチック等の資源循環を加速するため、設計・製造段階から販売・消費、分別・回収、リサイクルの段階までのデータを統合し、サプライチェーン全体として環境負荷を最小化するシステムを構築する。

⑧　スマート防災ネットワークの構築

気候変動等に伴い災害が頻発・激甚化する中で、災害前後に、地域の特性等を踏まえ災害・被災情報（災害の種類・規模、被災した個人・構造物・インフラ等）をきめ細かく予測・収集・共有し、個人に応じた防災・避難支援、自治体による迅速な救助・物資提供、民間企業と連携した応急対応などを行うネットワークを構築する。

⑨　スマートインフラマネジメントシステムの構築

インフラ・建築物の老朽化が進む中で、デジタルデータにより設計から施工、点検、補修まで一体的な管理を行い、自動化、省人化、長寿命化を推進するハード面も含むシステムを構築する。

⑩　スマートモビリティプラットフォームの構築

移動する人・モノの視点から、移動手段（小型モビリティ、自動運転、MaaS、ドローン等）、交通環境のハード、ソフトをダイナミックに一体化し、安全で環境に優しくシームレスな移動を実現するプラットフォームを構築する。

⑪　AI・データの安全・安心な利活用のための基盤技術・ルールの整備

AIの利活用の拡大に当たっては、データの品質と計算能力を向上させるとともに、プライバシー、セキュリティ、倫理などが課題として挙げられる。

データの安全・安心な流通を確保しつつ、様々なステークホルダーのニーズに柔軟に対応できるデータ連携基盤を構築することが期待されている。

AI 戦略の見直しを踏まえ、取り組むべき課題を具体化する。

⑫ 先進的量子技術基盤の社会課題への応用促進

量子コンピュータの社会実装に向けて、アニール、ゲート、シリコン各方式に応じて、また、古典コンピュータと組み合わせることで、社会課題の解決に適用することが期待されている。

量子技術イノベーション戦略の見直しを踏まえ、取り組むべき課題を具体化する。

⑬ マテリアルプロセスイノベーション基盤技術の整備

大学・国研が有するマテリアルデータを構造化し利活用を推進するとともに、マテリアルプロセスイノベーション拠点において物理、化学、バイオなど各種プロセスの試作・評価を行う。

⑭ 人協調型ロボティクスの拡大に向けた基盤技術・ルールの整備

人の生活空間でのロボティクスの利用拡大が見込まれる中で、ドアを開ける、モノを運ぶ、階段を登るなどのタスクに応じて、マニピュレータなどの必要な機能を提供するためのハード・ソフトのプラットフォームを構築するとともに、人へのリスク評価手法などについて検討を行う。

⑮ バーチャルエコノミー拡大に向けた基盤技術・ルールの整備

GAFAM を中心として、バーチャルエコノミーが拡大する中で、バーチャル空間での個人認証・プライバシー等のルール、バーチャル空間とつなぐ技術として 5 感、BMI の標準化、バーチャル社会の心身への影響、社会システム設計などについて検討を行う。

(2) 横断的な課題

上記の課題に加えて、複数の課題をまたぐ横断的な課題として次の課題を挙げています。(出典：内閣府資料「次期 SIP の課題候補の選定について」)

Ⓐ　スマートコミュニティ、スマートシティ、スマートアイランドの構築
ヘルスケア、モビリティ、インフラ、防災、資源循環、エネルギー、気候変動など各分野のデータを横断的に連携させることで、都市全体としてリソースの配置や活用を最適化するとともに、新たなサービスを創出する。

3. ムーンショット型研究開発

令和４年版科学技術・イノベーション白書によると、『ムーンショット型研究開発制度は、超高齢化社会や地球温暖化問題など重要な社会課題に対し、人々を魅了する野心的な目標（ムーンショット目標）を国が設定し、挑戦的な研究開発を推進する国の大型研究プログラムです。全ての目標は、「人々の幸福(Human Well-being)」の実現を目指し、掲げられています。』と示されています。

将来の社会的課題を解決するために、以下の３つの領域から、具体的な９つの目標を決定しています。

【領域】

社会：急進的イノベーションで少子高齢化時代を切り拓く。
環境：地球環境を回復させながら都市文明を発展させる。
経済：サイエンスとテクノロジーでフロンティアを開拓する。

９つの目標については、『ムーンショット型研究開発制度が目指すべき「ムーンショット目標」について』の資料から引用したものですが、目標１から目標６までの内容は令和２年１月に、総合科学技術・イノベーション会議が公表した資料、目標７の内容は令和２年７月に健康・医療戦略推進本部が公表した資料、目標８と目標９の内容は令和３年９月に総合科学技術・イノベーション会議が公表した資料から抜粋したものです。

(1)　目標1：2050年までに、人が身体、脳、空間、時間の制約から解放された社会を実現

〈ムーンショットが目指す社会〉

・人の能力拡張により、若者から高齢者までを含む様々な年齢や背景、価値観を持つ人々が多様なライフスタイルを追求できる社会を実現する。
・サイバネティック・アバターの活用によってネットワークを介した国際的なコラボレーションを可能にするためのプラットフォームを開発し、様々な企業、組織及び個人が参加した新しいビジネスを実現する。
・空間と時間の制約を超えて、企業と労働者をつなぐ新しい産業を創出する。
・プラットフォームで収集された生活データに基づく新しい知識集約型産業やそれをベースとした新興企業を創出する。
・人の能力拡張技術とAIロボット技術の調和の取れた活用により、通信遅延等にも対応できる様々なサービス（宇宙空間での作業等）が創出される。

(2)　目標2：2050年までに、超早期に疾患の予測・予防をすることができる社会を実現

〈ムーンショットが目指す社会〉

・従来のアプローチで治療方法が見いだせていない疾患に対し、新しい発想の予測・予防方法を創出し、慢性疾患等を予防できる社会を実現する。
・疾患を引き起こすネットワーク構造を解明することで、加齢による疾患の発症メカニズム等を明らかにし、関連する社会問題を解決する。
・疾患の発症メカニズムの解明により、医薬品、医療機器等の、様々な医療技術を発展させ、我が国の健康・医療産業の競争力を強化する。

(3)　目標 3：2050 年までに、AI とロボットの共進化により、自ら学習・行動し人と共生するロボットを実現

〈ムーンショットが目指す社会〉

・ゆりかごから墓場まで、人の感性、倫理観を共有し、人と一緒に成長するパートナーAI ロボットを開発し、豊かな暮らしを実現する。
・実験結果のビックデータから新たな仮説を生成し、仮設の検証、実験を自動的に行い、新たな発見を行う AI ロボットを開発することによって、これらにより開発された医薬品や、技術等による、豊かな暮らしを実現する。
・月面、小惑星等に存在する地球外資源の自律的な探索、採掘を実現する。
・農林水産業、土木工事等における効率化、労働力の確保、労働災害ゼロを実現する。
・災害時の人命救助から復旧までを自律的に行う AI ロボットシステムを構築し、人が快適に暮らせる環境をいつでも迅速に取り戻すことができる社会を実現する。
・AI ロボット技術と人の能力拡張技術の調和の取れた活用により、AI ロボットが得た情報等を人にフィードバックし、新しい知識の獲得や追体験等を通じた様々なサービスが創出される。

(4)　目標 4：2050 年までに、地球環境再生に向けた持続可能な資源循環を実現

〈ムーンショットが目指す社会〉

・温室効果ガスや環境汚染物質を削減する新たな資源循環の実現により、人間の生産や消費活動を継続しつつ、現在進行している地球温暖化問題と環境汚染問題を解決し、地球環境を再生する。

(5)　目標 5：2050 年までに、未利用の生物機能等のフル活用により、地球規模でムリ・ムダのない持続的な食料供給産業を創出

〈ムーンショットが目指す社会〉

・地球規模でムリのない食料生産システムを構築し、有限な地球資源の循環利用や自然循環的な炭素隔離・貯留を図ることにより、世界的な人口増加に対応するとともに地球環境の保全に貢献する。
・食品ロスをなくし、ムダのない食料消費社会を実現する。
・人工的物質に依存しない、地球本来の生物・自然循環が円滑に機能する社会を実現する。

(6) 目標6：2050年までに、経済・産業・安全保障を飛躍的に発展させる誤り耐性型汎用量子コンピュータを実現

〈ムーンショットが目指す社会〉

・量子コンピュータを含む量子技術を応用し、様々な分野で革新を生み出し、知識集約型社会へのパラダイムシフトや既存の社会システムを変革する。
・目標の達成とその過程においてスピン・オフ、スピン・アウトする量子技術により、産業競争力の強化、革新的な医療と健康管理、デジタル情報時代の安全とセキュリティを確保する。
・材料開発では、詳細な機能分析により、既存材料の性能を最大化するとともに、新しい性能を持つ材料の開発を加速する。
・エネルギー分野では、高精度量子化学計算による窒素固定法や高効率人工光合成法の原理を解明するとともに、工学的応用手法を開発する。
・創薬分野では、より大きな分子系における量子化学シミュレーションにより新薬の発見を促進し、合理化されたワークフローによってコストを削減する。
・経済分野では、迅速でエネルギー消費の少ない逐次大規模計算により、短期的ポートフォリオの最適化と長期的リスク分析に対応する。
・輸送、交通等の物流分野では、巡回セールスマン問題等の最適化問題を解き、サプライチェーンとスケジューリングの合理化による交通渋滞を緩和する。

・大規模シミュレーションとAIによる天気予報の精度の向上、災害の早期警報、企業価値の高精度予測及び金融商品の取引戦略の強化を実現する。

(7)　目標７:2040年までに、主要な疾患を予防・克服し100歳まで健康不安なく人生を楽しむためのサステイナブルな医療・介護システムを実現

〈ムーンショットが目指す社会〉

・一人ひとりが将来の健康状態を予測しながら、健康な生活に自発的に取り組むことができるとともに、日々の生活のあらゆる導線に、健康に導くような仕掛けが埋め込まれている。

・医療・介護者のスキルの多寡にかかわらず、少ない担い手で誰に対しても不安無く質の高い医療・介護を提供できることで、住む場所に関わらず、また災害・緊急時でも、必要十分な医療・介護にアクセスできる。

・心身機能が衰え、ライフステージにおける様々な変化に直面しても、技術や社会シンフラによりエンパワーされ、不調に陥らず、一人ひとりの「できる」が引き出される。

(8)　目標８:2050年までに、激甚化しつつある台風や豪雨を制御し極端風水害の脅威から解放された安全安心な社会を実現

〈ムーンショットが目指す社会〉

・台風や豪雨の高精度予測と能動的な操作を行うことで極端風水害の被害を大幅に減らし、台風や豪雨による災害の脅威から解放された安全安心な社会を実現する。

(9)　目標９:2050年までに、こころの安らぎや活力を増大することで、精神的に豊かで躍動的な社会を実現

〈ムーンショットが目指す社会〉

・過度に続く不安・攻撃性を和らげることが可能になることで、こころの安らぎをより感じられるようになる。また、それぞれの寛容性が高ま

り、人生に生きがいを感じ、他者と感動・感情を共有し、様々なことに躍動的にチャレンジできる活力あるこころの状態の獲得が可能になる。
・人が互いにより寛容となることで、差別・攻撃（いじめやDV、虐待等）、孤独・うつ・ストレスが低減する。それにより、精神的なマイナス要因も解消され、こころの病が回復し、一層の社会・経済的発展が実現される。
・本研究で得られた知見を核とする新しい産業が国内外に拡大する。

4. 情報通信技術

令和4年版情報通信白書によると、「我が国のインターネットトラヒックは、新型コロナウイルス感染症の感染拡大直前の2019年11月から2021年11月までの2年の間に約2倍に増加した。」と述べており、「世界のIPトラヒックは現在と比べ2030年には30倍以上、2050年には4,000倍に達するという予測もあり、社会経済のデジタル化などに伴い、我が国でもトラヒックの増加が続くことが見込まれる。」と示しています。

(1) ICTが果たす役割

我が国においては、生産年齢人口の減少や災害の激甚化など、社会環境の変化が大きく影響してきています。そういった中で、ICTが果たす役割として、同白書では次のような項目を挙げています。

(a) ICTによる労働生産性の向上と労働参加の拡大

本項目に関しては、「ロボット・AIなどを活用することにより、人間が行う作業を代替し同じ生産物・付加価値を生み出すために必要な労働力を縮小させることが可能となるとともに、作業の迅速化や精度向上などによる業務の効率化を図ることや、ビッグデータの解析などにより生産過程や流通過程の更なる効率化を図ることも可能となる。」としています。また、「テレワーク、サテライトオフィス、クラウドソーシングなどを活用することにより、場所を問わずに就業が可能となり、育児・介護・障害などこれまで様々な事情により就労が困難であった人々が多様で柔軟な働き方を選択することを可能とし、労働参加率の向上につながることが期待される。」と示しています。

(b) ICTによる地域活性化

市場に関しては、「ICTの普及で、時間と場所の制約を超えて全国、全世界へと市場が拡大し、マッチングコストの低下により規模の制約を超えて多品種少量生産でも市場が成立するようになり、地方の小規模な企業であっても、あらゆる地域の消費者に対し、その様々なニーズに即した商品・サービスの提供が可能となる。」と示しています。また、働き方やサービスに関しては、「ICTの普及により、テレワークなどの場所に囚われない新しい働き方が可能となるとともに、インターネットショッピングや遠隔医療、遠隔教育など地方に居ながら都会と同様のサービスを享受することも可能となる。こうした新しい働き方や新しい暮らし方は、（中略）地方の定住人口の拡大に貢献することが期待される。」としています。

(c) ICTを活用した迅速・効率的な情報収集と情報伝達

災害予測に関しては、「多種多様なセンサーの情報と5Gの超高速・大容量の特長を活かした高精細な映像とを統合的に扱うことで、河川の氾濫などの予測精度を高め、迅速に避難指示などを発出することが可能となる。災害発生時には、現場に設置した固定カメラやドローンに搭載したカメラからの高精細な映像を5Gの回線で超高速かつ超低遅延で伝送することで、災害状況や遭難状況の精緻な把握が可能になり、避難行動の効率化などを図ることもできる。」としています。また、住民向けの情報提供については、「スマートフォンに内蔵されたGPSによる位置情報やアプリ上の情報、被災者が発信した情報などをAIなども活用して分析することで被災者などが必要とする情報を効率的に伝えることが可能となり、より迅速かつ的確な避難行動につながることが期待される。」としています。

(d) ICTによる社会インフラ維持管理

社会インフラの老朽化が問題となっていますので、それに関しては、「4K・

8K などの高精細な映像の伝送によって監視業務の精度が高まるとともに、情報量の増した映像を AI 技術を活用して解析することによって、電線、道路、建物の外壁、鉄道の線路などにおける異常をより迅速かつ精緻に検知することが可能となる。」としています。

(e) グリーン社会実現への貢献

ICT 自身のグリーン化（Green of ICT）では、「上位レイヤーでは環境負荷の少ないソフトウェアの開発など、ネットワークレイヤーでは低消費電力化を実現するオール光ネットワークの開発、携帯電話基地局の仮想化による消費電力の削減などが進められており、それらの新たな技術の開発・導入により ICT 自身の省電力化を図ることで、グリーン社会の実現に貢献することが期待される。」としています。また、ICT によるグリーン化（Green by ICT）では、「製造業では、ICT を活用して工場内の製造ラインの省力化・最適化などを行うスマート工場の取組が進んでおり、単位生産量あたりのエネルギー効率の向上が図られている。」としています。

(2) AI の市場

市場としては、「機械学習プラットフォーム、時系列データ分析、検索・探索、翻訳、テキスト・マイニング／ナレッジ活用、音声合成、音声認識、画像認識の AI 主要 8 市場全体の日本の 2020 年度の売上金額は前年度比 19.9 %増の 513 億 3,000 万円となり、2025 年度には 1,200 億円に達すると予測されている。市場別では、AI 環境の自作を支援する機械学習プラットフォームの増加が最も見込まれる。」と示しています。

人工知能技術に関しては、関係各省庁でさまざまな研究・開発が行われています。総務省では、脳活動分析技術を用いて、人の感性を客観的に評価するシステムの開発を実施しており、自然言語処理、データマイニング、辞書・知識ベースの構築等の研究開発を実施しています。

また、文部科学省では、次のような研究課題に対する支援を行っています。

① 深層学習の原理解明や汎用的な機械学習の新たな基盤技術の構築

② 再生医療、モノづくりなどの日本が強みを持つ分野をさらに発展させ、高齢者ヘルスケア、防災・減災、インフラの保守・管理技術などの我が国の社会的課題を解決するための人工知能等の基盤技術を実装した解析システムの研究開発

③ 人工知能技術の普及に伴って生じる倫理的・法的・社会的問題に関する研究

一方、経済産業省では、次のような開発等に取り組んでいます。

ⓐ 脳型人工知能やデータ・知識融合型人工知能の先端研究

ⓑ 研究成果の早期橋渡しを可能とする人工知能フレームワーク・先進中核モジュールのツール開発

ⓒ 人工知能技術の有効性や信頼性を定量的に評価するための標準的評価手法等の開発

(3) メタバースの市場

メタバースの世界市場については、「2021年に4兆2,640億円だったものが2030年には78兆8,705億円まで拡大すると予想されている。メディアやエンターテインメントだけではなく、教育、小売りなど様々な領域での活用が期待されている。」と示しています。

(4) サイバーセキュリティの現状

サイバー攻撃関係の通信数は最近増加しており、「2021年に観測されたサイバー攻撃関連通信数は各IPアドレスに対して18秒に1回攻撃関連通信が行われていることに相当する。」としています。また、通信内容をみると、「IoT機器を狙った通信が依然として最も多い一方で、昨年は2番目に多かったWindowsを狙った通信の割合が減少し、昨年は上位には見られなかった様々なサービスで利用されるポートへの通信の割合が増加するほか、その他の占める割合が増加しており、攻撃対象多様化の傾向が継続している。」と指摘してい

ます。

独立行政法人情報処理推進機構（IPA）が公表している「情報セキュリティ10大脅威2022」において「組織」向け脅威は次のような順位になっています。なお、（　）内の記述は、著者による補足になります。

① ランサムウェアによる被害

（ランサムウェアは、サーバー等に保存されているデータを暗号化して、利用できなくして、復旧させたければ金銭を支払えと脅迫するマルウェア）

② 標的型攻撃による機密情報の窃取

（標的型攻撃は、特定の企業や組織を攻撃対象とする攻撃のことで、関係者を装ったメールを送付して、メールや添付ファイルを開かせ、ウイルス等を感染させて、機密情報の窃取やデータの破壊を行う攻撃）

③ サプライチェーンの弱点を悪用した攻撃

（IT機器やソフトウェアの更新プログラムを配布するサーバーに侵入したり、流通を担う取引企業に侵入して、正規の更新プログラムなどにマルウェアを仕込む手法など）

④ テレワーク等のニューノーマルな働き方を狙った攻撃

（マルウェア感染、端末の紛失や盗難など）

⑤ 内部不正による情報漏えい

⑥ 脆弱性対策情報の公開に伴う悪用増加

⑦ 修正プログラムの公開前を狙う攻撃（ゼロデイ攻撃）

（ゼロデイ攻撃は、ソフトウェアの脆弱性が発見された際に、修正プログラムの提供より前に、その脆弱性をついて行うサイバー攻撃）

⑧ ビジネスメール詐欺による金銭被害

（取引先や上司などになりすましたメールで攻撃者の口座に金銭を振り込ませる手法など）

⑨ 予期せぬIT基盤の障害に伴う業務停止

⑩ 不注意による情報えい等の被害

2020年における国内情報セキュリティ製品の市場シェアについては、外資系企業（計12社）の割合が56％と海外企業への依存度が高くなっており、国内企業（計4社）の割合は12％に止まっているため、セキュリティ製品の多くを海外に依存しています。

また、総務省が実施する「通信利用動向調査（2021年）」によると、インターネットを利用している12歳以上の人のうち、28.3％が「不安を感じる」としているのに加え、43.5％が「どちらかといえば不安を感じる」と回答しており、両者を合わせると、約72％もの人が何らかの不安を感じている実態が明らかになっています。インターネット利用時に不安を感じる内容としては次の項目があります。

① 個人情報やインターネット利用履歴の漏えい（90.1％）
② コンピュータウイルスへの感染（62.7％）
③ 架空請求やインターネットを利用した詐欺（54.1％）
④ 迷惑メール（46.7％）
⑤ セキュリティ対策（43.1％）
⑥ 電子決済の信頼性（40.0％）

(5) デジタル・トランスフォーメーション（DX）

調査によると、DXへの取組を「全社的に取り組んでいる」、「一部の部門において取り組んでいる」、「部署ごとで取り組んでいる」を合わせた合計値で、日本企業では56％であるのに対して、米国企業では約79％となっており、日本企業の取組が遅れている実態がわかります。また、DXに取り組む目的についても、**図表6.1**を見ると、国際的な違いがあるのがわかります。

日本、米国、ドイツは「生産性向上」がトップにきているのに対して、中国では「データ分析・活用」がトップとなっています。また、中国は「新規ビジネス創出」が、他の3カ国と比べて高い比率になっています。

また、デジタル化を進める上での課題や障壁に関して**図表6.2**に示します。

図表 6.1　デジタル化の目的（国別比率）

	日本	米国	ドイツ	中国
新規ビジネス創出	36.8 %	32.1 %	19.3 %	66.6 %
生産性向上	74.8 %	62.8 %	61.7 %	75.6 %
データ分析・活用	63.5 %	55.1 %	53.3 %	79.8 %
商品・サービスの差別化	34.9 %	38.2 %	39.0 %	44.0 %
顧客体験の創造・向上	31.9 %	48.7 %	41.4 %	59.1 %

〔出典：総務省（2022）「国内外における最新の情報通信技術の研究開発及びデジタル活用の動向に関する調査研究」〕

図表 6.2　デジタル化を進める上での課題や障壁（国別比率）

	日本	米国	ドイツ	中国
人材不足	67.6 %	26.9 %	50.8 %	56.1 %
資金不足	27.3 %	27.2 %	23.9 %	27.0 %
検討時間の不足	26.0 %	27.5 %	28.4 %	22.2 %
デジタル技術の知識・リテラシー不足	44.8 %	31.1 %	30.3 %	65.5 %
規制・制度による障壁	18.6 %	23.2 %	14.3 %	37.1 %

〔出典：総務省（2022）「国内外における最新の情報通信技術の研究開発及びデジタル活用の動向に関する調査研究」〕

課題や障壁については、日本やドイツでは「人材不足」がトップとなっているのに対して、米国や中国では「デジタル技術の知識・リテラシー不足」がトップとなっています。ただし、中国においても「人材不足」は高い比率となっています。

(6) 2030 年頃を見据えた情報通信政策の在り方

2022 年 6 月に「情報通信審議会」は、「Society 5.0 の実現とともに我が国の独立と生存及び繁栄を確保し、戦略基盤産業としての役割が増す情報通信産業の戦略的自律性の確保と、戦略的不可欠性の獲得を目指すため、①情報通信インフラの高度化と維持、②研究開発・ソリューション・人材育成などの情報通信産業全体の国際競争力の強化、③自由かつ信頼性の高い情報空間の構築が必要としている。」と答申しています。また、重点的に取り組むべき領域として下記の８つを挙げて、それぞれ重点的に取り組むべき事項を示すとともに、従来のやり方に囚われない新しい取組が必須であるとしています。

① 5G の普及と高度化、海外展開
② ブロードバンドの拡充等
③ 次世代ネットワークに向けた研究開発と実装、国際標準化
④ 放送の将来像と放送制度の在り方の検討
⑤ 安心・安全なインターネット利用環境の構築
⑥ コンテンツ・サービスの振興
⑦ サイバー空間全体を俯瞰したサイバーセキュリティの確保
⑧ 人的基盤の強化と利活用の促進

(7) 社会・経済的課題の解決につながるICTの利活用の促進

同白書では、社会・経済的課題の解決につながるようなICTの利活用方法として、次の７つを挙げて、その効果や実施状況を説明しています。

(a) ローカル5Gの推進

ローカル5Gは、「地域の企業や自治体などの様々な主体が自らの建物内や敷地内でスポット的に柔軟に構築できる5Gシステムであり、様々な課題の解決や新たな価値の創造などの実現に向け、多様な分野、利用形態、利用環境で活用されることが期待されている。」と示しています。

(b) テレワークの推進

テレワークは、「時間や場所を有効に活用できる柔軟な働き方であり、子育て世代やシニア世代、障害のある方も含め、一人ひとりのライフステージや生活スタイルに合った多様な働き方を実現するとともに、災害や感染症の発生時における業務継続性を確保するためにも有効である。また、収入を維持しながら、住みたい地域で働くことが可能となるため、都市部から地方への人の流れの創出等の面においてもメリットをもたらし得る。」と示しています。

(c) スマートシティ構想の推進

スマートシティに関しては、「都市が抱える多様な課題を解決することを目的とし分野横断的な連携を可能とする相互運用性・拡張性、セキュリティが確保されたデータ連携基盤の導入を促進する「データ連携促進型スマートシティ推進事業」を実施している。」と示しています。

(d) 教育分野におけるICT利活用の推進

教育分野においては、「ローカル5G基地局を設置することで教育現場に5G利用環境を構築し、超高速等の5Gの特長を活かした実証を行い、ユースケースの周知を図っている。」と示しています。

(e) 医療分野におけるICT利活用の推進

医療分野においては、「高度な遠隔医療の実現に必要なネットワークなどの研究、AI・IoTを活用したデータ基盤開発を実施するほか、2020年度から2年間高度な遠隔医療の実現に必要なネットワークなどの研究を行い、2022年度から高度遠隔医療ネットワークの実用化に向けた研究事業を実施している。」と示しています。

(f) 防災情報システムの整備

ICTを効率的に活用し、災害に伴う人的・物的損害を軽減していくために次のことを行っています。

① 災害に強い消防防災通信ネットワークの整備
② 災害対策用移動通信機器の配備
③ 災害時の非常用通信手段の確保
④ 全国瞬時警報システムの安定的な運用
⑤ 災害関連情報を多数の放送局やインターネット事業者など多様なメディアに対して一斉に送信する共通基盤の活用の推進

(g) マイナンバーカード・公的個人認証サービスの利活用の推進

マイナンバーカード・公的個人認証サービスに関しては、「新型コロナウイルス感染症の感染拡大への対応において、国などのデジタル化について様々な課題が明らかとなり、デジタル社会に不可欠なマイナンバーカードの利便性の向上が一層求められている。」と示しています。

(8) ICT 技術政策の推進

同白書では、ICT 技術政策については、下記の５項目を示しています。

(a) Beyond 5G

・Beyond 5G に求められる７機能（超高速・大容量、超低遅延、超多数接続、超低消費電力、超安全・信頼性、拡張性、自律性）を柱として基盤技術の公募型研究開発を実施

・企業の若手幹部候補生に向けたワークショップや大学・高専などに向けたハッカソンイベントなどを通じた人材育成の推進

・知財取得状況を分析する IP ランドスケープの構築など、今後の標準化策定を検討するための情報基盤整備

・信頼でき、かつ、シナジー効果も期待できる戦略的パートナーである国・地域の研究機関との国際共同研究の実施

(b) 量子技術

・各技術分野（量子コンピュータ、量子ソフトウェア、量子セキュリティ・ネットワーク、量子計測・センシング／量子材料など）における研究開発の強化や事業化に向けた活動支援

・量子暗号通信技術（量子鍵配送技術）の研究開発の推進

・長距離化の課題を克服し、グローバル規模での量子暗号通信網の実現を目指し、量子暗号通信の長距離リンク技術及び中継技術の研究開発

(c) AI 技術

・自然言語処理技術や多言語翻訳・音声処理技術、脳の認知モデル構築などに関する研究開発や社会実装

・短文の逐次翻訳にとどまっていた技術を、ビジネスや国際会議における議論の場面にも対応した「同時通訳」が実現できるよう高度化するための研究開発

(d) リモートセンシング技術

・ゲリラ豪雨や竜巻に代表される突発的大気現象の早期捕捉・発達メカニズムの解明に貢献することを目的として、降雨・水蒸気・風などの状況を高い時間空間分解能で観測するリモートセンシング技術の研究開発

(e) 宇宙 ICT

・周波数資源を有効に活用し、将来の超広帯域光衛星通信システムを実現するための、小型衛星コンステレーション向け電波・光ハイブリッド通信技術の研究開発

・衛星通信における量子暗号の基盤技術を確立し、衛星ネットワークなどによるグローバルな量子暗号通信網の実現に向けた研究開発

・米国提案の国際宇宙探査計画（アルテミス計画）に資する、テラヘルツ波を用いた月面の水エネルギー資源探査技術の研究開発

・技術試験衛星 9 号機のための衛星通信システムや 10 Gbps 級の地上・衛星間光データ伝送を可能とする光通信技術の研究開発

・電離圏や磁気圏、太陽活動を観測、分析し、24 時間 365 日の有人運用による宇宙天気予報や静止気象衛星ひまわりの後継機に搭載予定の宇宙環境モニタリングセンサの研究開発

注：2025年頃に太陽フレアから放出される電磁波によって全地球測位システム（GPS）を含む通信ネットワークに機能障害が生じる懸念がありますので、通信インフラの機能障害対策としても宇宙天気予報は重要と考えられています。

5. 科学技術を扱った問題例

科学技術を扱った問題例として次のようなものが想定されます。

【問題例 1】

○　経済産業省が2018年12月に発表したデジタルトランスフォーメーション（DX）推進ガイドラインには、DXの定義として「企業がビジネス環境の激しい変化に対応し、データとデジタル技術を活用して、顧客や社会のニーズを基に、製品やサービス、ビジネスモデルを変革するとともに、業務そのものや、組織、プロセス、企業文化・風土を変革し、競争上の優位性を確立すること。」と謳われている。近年、米中貿易摩擦、英国のEU離脱、保護主義の高まり、さらには新型コロナウイルス感染症の影響を受けて、世界の不確実性が高まっている。このようなビジネス環境の激しい変化に企業が対応し競争力を維持してくためには、既存の枠組に捕らわれずに時代の先を読んで企業を変革していく能力が求められており、そのためのDXへの取組をどのように加速させていくかが我が国製造業の直近の課題となっている。（想定問題）

(1)　このような時代の変革期の中でDXを推進していくに当たり、技術者の立場で電気電子技術全般に関する多面的な観点から３つの課題を抽出し、それぞれの観点を明記したうえで、課題の内容を示せ。

(2)　抽出した課題のうち最も重要と考える課題を１つ挙げ、その課題に対する電気電子技術者としての複数の解決策を示せ。

(3)　提案した解決策をすべて実行した結果、得られる成果とその波及効果を分析し、新たに生じる懸念事項への電気電子技術者としての対応策について述べよ。

(4)　前問(2)～(3)の業務遂行に当たり、技術者としての倫理、社会の持続可能性の観点から必要となる要件・留意点について述べよ。

【問題例 2】

○　デジタル社会の実現に向けて、様々な施設・設備においても情報技術の活用が進んでいる。クラウド・AI・IoT 等の情報技術の発展が進む中で、高度に情報管理された施設・設備の省エネルギー性だけでなく維持・管理性向上にも寄与することが期待されている。このことを踏まえて、以下の問いに答えよ。(想定問題)

(1)　施設・設備運営において情報技術の有効な活用を図るため、技術者の立場で多面的な観点から3つ以上の課題を抽出し、それぞれの観点を明記したうえで、課題の内容を示せ。

(2)　抽出した課題のうち最も重要と考える課題を1つ挙げ、専門技術を交えて、その課題に対する複数の解決策を示せ。

(3)　すべての解決策を実行しても新たに生じうるリスクへの対策について、専門技術を踏まえた考えを示せ。

(4)　前問(1)～(3)の業務遂行に当たり、技術者としての倫理、社会の保全の観点から必要となる要件・留意点を述べよ。

第7章

社会構造変革

最近、多く話題に上る大きな社会変化としては、インフラの老朽化問題と人口の高齢化問題、技術の継承問題があります。ここでは、社会インフラ老朽化、高齢化とユニバーサルデザイン、ものづくりの現状、社会的責任、技術者としての倫理の内容を紹介します。

1. 社会インフラ老朽化

我が国のインフラ施設は高度経済成長期に建設されたものが多いために、同時期に多くの施設が更新時期を迎えています。橋梁を例にとると、2006年時点で築後50年を超す橋梁の比率は約6％でした。これが2020年には約30％まで上昇していますし、2030年には約55％、2040年には約75％まで高まってしまいます。実際に、ここ10年内で半分超の橋梁を更新するというのは、現在の財政状況を考えると現実的には難しいといえます。それは、建築物や構造物、道路、上下水道だけではなく、他のインフラ設備も似たような状況にあります。

(1) 社会インフラとは

日本経済を支えてきたものの1つである社会資本整備の予算が、近年大幅に縮小されてきています。資本ストックの主要部門には下記の17部門があります。

主要 17 部門

①道路、②港湾、③空港、④鉄道、⑤住宅、⑥下水道、⑦廃棄物処理、⑧水道、⑨都市公園、⑩文教施設、⑪治水、⑫治山、⑬海岸、⑭農業・林業・漁業、⑮郵便、⑯国有林、⑰工業用水道

このように、社会資本とされているものには多くの項目がありますし、全国的には膨大な量の社会資本があるのがわかります。具体的な社会資本の構成要素の例を、**図表 7.1** に示します。

図表 7.1　社会資本の構成要素例

中項目	小項目
構造物	道路、橋梁、鉄道、トンネル、水処理場、空港、発電所、通信施設、変電所、ごみ処理場、校舎、港湾、鉄塔、排水路、暗きょなど
設備	照明設備、通信設備、信号設備、変電設備、空調設備、熱源設備、監視設備、共同溝、ケーブル類など
付属物	防護柵、案内看板、標識類、管理車両、保守車両、教育備品、家具類、遊具など
関連システム	配電システム、中央指令システム、管制システム、道路案内システム、安全システムなど

図表 7.1 に示すように、ハード関係だけではなくソフト産業も含めて、関連する産業が広い範囲に及ぶのがわかります。また、運営主体も、公営（国、自治体など）のものだけではなく、民営、非営利組織などによる運営などさまざまな形態があります。そのため、社会資本整備のための投資が縮小されると、広範囲の産業に大きな影響が及ぶのがわかります。特に国や公共団体が財源を手当てするものについては、今後も投資の拡大は期待できません。具体的な例として道路を挙げると、道路延長の約 84 %は市町村道になっており、都道府県道は 11 %に上っています。そういった地方公共団体の財政はどこもひっ迫しているため、今後は新規投資を行う余裕はありません。それは道路だけにとど

まらず共通していえる傾向です。

これらのうち身近なものの社会資本のストック額の割合を示すと、**図表7.2**のようになります。

図表7.2　社会資本の内訳とストック額の割合

項目	ストック額の割合
道路	32.0 %
農林漁業	14.1 %
治山・治水	13.5 %
学校・社会教育施設	11.6 %
下水道施設	6.7 %
上水道施設	6.5 %
公共賃貸住宅・公園	5.3 %
港湾・空港	5.2 %
地下鉄等	2.8 %
廃棄物処理場	1.5 %
その他	0.8 %

(2) 老朽化の現状

社会資本の多くは、戦後の高度経済成長期に作られていますので、老朽化が一斉に進んでいます。その予想としていくつかの社会資本を例に示したのが**図表7.3**になります。

このように、整備が比較的遅かった河川管理施設や下水道管渠以外については、このまま更新工事を行わないと、10数年後には老朽化した施設が50 %を超えてしまうと想定されています。費用的に見ると、全面更新を行わなければならない時期になる前の早い時期に着手すれば、長寿命化対策が行えるため費用は抑えられますが、それを実施しないと全面更新をしなければならなくなり、大きな費用負担となるのは避けられません。そういった点から早期に長寿命化対策を計画的に行わなければなりませんが、すでに膨大な数の施設があり

図表 7.3　建設後 50 年以上経過する社会資本の割合

項目	2020 年	2030 年	2040 年	備考
道路橋	約 30 %	約 55 %	約 75 %	約 73 万橋（橋長 2 m 以上の橋）
トンネル	約 22 %	約 36 %	約 53 %	約 1 万 1 千本
河川管理施設	約 10 %	約 23 %	約 38 %	約 4 万 6 千施設
下水道管渠	約 5 %	約 16 %	約 35 %	約 48 万 km
港湾施設	約 21 %	約 43 %	約 66 %	水域施設、外郭施設、係留施設、臨港交通施設等 約 6 万 1 千施設

〔出典：国土交通白書 2022〕

ますので、限られた予算の中で優先順位を決めていくのはやさしいことではありません。こういった状況ですので、技術者がその能力を発揮できる場は多くあると考えます。

具体的には、現在注目されている IoT 技術などを使った維持管理の手法や、AI（人工知能）を活用したインフラの保守・管理技術などが考えられます。なお、これらの技術を活かすためには、データを送信する 5G 技術や送信されたデータを分析するビッグデータ解析技術なども求められるようになります。さらに運営面では、公共施設等の建設、維持管理、運営等を民間の資金、経営能力および技術的能力を活用して行う PFI（Private Finance Initiative）や、官民連携といわれる PPP（Public Private Partnership）などがあります。

(3) 第 5 次社会資本整備重点計画

第 5 次社会資本整備重点計画が令和 3 年 5 月に閣議決定されました。この計画の中長期的な目的として、①国民が「真の豊かさ」を実感できる社会を構築する、②「安全・安心の確保」、「持続可能な地域社会の形成」、「経済成長の実現」の 3 つの中長期的目的に資する社会資本を重点的に整備し、ストック効果の最大化を目指すが掲げられています。その達成のために、5 年後をめどに次の 6 つの短期的目標を設定しています。

(a) 防災・減災が主流となる社会の実現

激甚化・頻発化する、または切迫する風水害・土砂災害・地震・津波・噴火・豪雪等の自然災害に対し、強くてしなやかになるようにする対策がなされ、国民が安心して生活を送ることができる社会をつくるとして、次の重点目標を挙げています。

①　気候変動の影響等を踏まえた「流域治水」等の推進

「流域治水」の推進、防災・減災のための住まい方や土地利用の推進、災害時の救命活動等を支える道路の確保

②　切迫する地震・津波等の災害に対するリスクの低減

公共土木施設の耐震化や津波対策等の推進、危険密集市街地の解消

③　災害時における交通機能の確保

災害に強い道路ネットワークの構築、災害時における港湾機能の維持、地下駅等の浸水防止対策の推進、災害時の道路閉塞を防ぐ無電柱化

④　災害リスクを前提とした危機管理対策の強化

社会資本整備を支える現場の担い手の確保、TEC-FORCE 隊員の対応能力向上と資機材の ICT 化・高度化、台風予報の高度化、道路の豪雪対策の推進

(b) 持続可能なインフラメンテナンス

予防保全に基づくインフラメンテナンスへの本格転換による維持管理・更新に係るトータルコストの縮減や、新技術等の導入促進によるインフラメンテナンスの高度化・効率化等を進め、インフラが持つ機能が将来にわたって適切に発揮できる、持続可能なインフラメンテナンスを実現するとして、次の重点目標を挙げています。

①　計画的なインフラメンテナンスの推進

予防保全の考え方に基づくインフラメンテナンスへの転換、地方公共団体等におけるインフラメンテナンス体制の確保

②　新技術の活用等によるインフラメンテナンスの高度化・効率化

インフラメンテナンスに係る新技術の普及・導入の促進、維持管理に係るデータ利活用の促進

③　集約・再編等によるインフラストックの適正化

集約・再編等の取組推進

(c) 持続可能で暮らしやすい地域社会の実現

東京一極集中型から、個人や企業が集積する地域が全国に分散しそれぞれの核が連携し合う多核連携型の国土づくりを進め、テレワークや二地域居住など新たな暮らし方、働き方、住まい方を支えるための基盤を構築するとしています。また、高齢者、障害者、子ども、子育て世代など、全ての人が安全・安心で不自由なく生活できるユニバーサルデザインのまちづくり、地域の自然や歴史文化に根ざした魅力・個性を活かしたまちづくりを進め、持続可能で暮らしやすい地域社会・地方創成を実現するとして、次の重点目標を挙げています。

①　魅力的なコンパクトシティの形成

「コンパクト・プラス・ネットワーク」の推進、美しい景観・良好な環境形成、生き生きと暮らせるコミュニティの再構築

②　新たな人の流れや地域間交流の促進のための基盤整備

高規格道路等による地域・拠点の連携確保、整備新幹線・リニア中央新幹線の整備、空港の機能強化、離島航路・離島航空路の維持・確保

③　安全な移動・生活空間の整備

子供の安全な歩行空間の確保、ホームドアの整備の促進、総合的な踏切対策の推進、自転車通行空間の整備、海上交通や空港の安全の確保

④　バリアフリー・ユニバーサルデザインの推進

公共施設等のバリアフリー化の推進

(d) 経済の好循環を支える基盤整備

持続的な経済成長の実現やリスクに強い社会経済構造の構築に向け、我が国の競争力強化等に資する社会資本の重点整備やインフラ輸出により、経済の好循環を作り上げるとともに、ポストコロナ時代において地域経済を支える観光の活性化に向けた基盤整備を行い、地域経済を再生させるとして、次の重点目標を挙げています。

① サプライチェーン全体の強靭化・最適化

三大都市圏等における環状道路の整備の促進、国際コンテナ戦略港湾における国際基幹航路の維持・拡大、物流におけるデジタル・トランスフォーメーション（DX）、標準化等の推進

② 地域経済を支える観光活性化等に向けた基盤整備

三大都市圏国際空港等の機能強化・機能拡充、FAST TRAVEL の推進、公共交通機関における訪日外国人受入環境整備

③ 民間投資の誘発による都市の国際競争力の強化

大都市の国際競争力強化のための基盤整備、多様な PPP／PFI の推進

④ 我が国の「質の高いインフラシステム」の戦略的な海外展開

インフラシステムの海外展開の推進

(e) インフラ分野のデジタル・トランスフォーメーション（DX）

「新たな日常」の実現も見据え、情報技術の利活用、新技術の社会実装を通じた社会資本整備分野のデジタル化・スマート化により、インフラや公共サービスを変革し、働き方改革・生産性向上を進めるとともに、インフラへの国民理解の促進や、安全・安心で豊かな生活の実現を図るとして、次の重点目標を挙げています。

① 社会資本整備のデジタル化・スマート化による働き方改革・生産性向上

３次元データの活用や ICT 施工などの i-Construction を推進、水害リスク情報空白域の解消の推進、新技術を活用したインフラの点検・維持管理の高度化、新技術を活用した災害予測・災害状況把握・災害復旧の高度化

② 新技術の社会実装によるインフラの新価値の創造

スマートシティの推進、建設業許可等の申請手続きのオンライン化、自動運転技術の実用化に資する道路交通環境の構築の推進、「ヒトを支援する AI ターミナル」の実現、新技術を活用したホーム転落防止対策、ICT・AI 技術を活用した渋滞対策の推進

(f) インフラ分野の脱炭素化・インフラ空間の多面的な利活用による生活の質の向上

インフラ分野の脱炭素化等によりグリーン社会の実現を目指すとともに、インフラの機能・空間を多面的・複合的に利活用することにより、インフラのストック効果を最大化し、国民の生活の質を向上させるとして、次の重点目標を挙げています。

① グリーン社会の実現

カーボンニュートラルポートの形成、低炭素都市づくりの推進、健全な水循環の維持、インフラ等を活用した地域再エネ利用の拡大（下水道バイオマス、太陽光発電等）、建設機械からの CO_2 排出量の削減、藻場・干潟等の造成・保全・再生、グリーンインフラの推進、木造建築物の普及促進

② 人を中心に据えたインフラ空間の見直し

「居心地が良く歩きたくなる」まちなかの創出の推進、インフラツーリズムの推進、「みなと」を核とした魅力ある地域づくりの推進、道路空間の利活用の推進、水辺空間の利活用の推進、あらゆる世代が活躍する「道の駅」の環境整備

(4) グリーンインフラ推進戦略

令和元年7月には、国土交通省より「グリーンインフラ推進戦略」が公表されました。そのなかで、グリーンインフラとは、「社会資本整備や土地利用等のハード・ソフト両面において、自然環境が有する多様な機能を活用し、持続可能で魅力ある国土・都市・地域づくりを進める取組」と説明しています。また、ここで使われている「グリーン」は、「環境に配慮する」とか、「環境負荷を低減する」といった消極的な対応だけではなく、自然環境が持っている自律的回復力などの多様な機能を積極的にいかして、環境と共生した社会資本整備や土地利用等を進めることまで含めているとしています。さらに、「インフラ」は、従来のダムや道路などのハードだけではなく、地域社会の活動を下支えするソフトの取組を含み、公共事業だけにとどまらず、民間の事業も含まれると

しています。

グリーンインフラが求められている社会的・経済的背景として、次の事項を示しています。

① 気候変動への対応
② グローバル社会での都市の発展
③ SDGs、ESG 投資等との親和性
④ 人口減少社会での土地利用の変化への対応
⑤ 既存ストックの維持管理
⑥ 自然と共生する社会の実現
⑦ 歴史、生活、文化等に根ざした環境・社会・経済の基盤

一方、グリーンインフラの特徴と意義については、次のような内容を示しています。

ⓐ 機能の多様性
ⓑ 多様な主体の参画
ⓒ 時間の経過とともにその機能を発揮する

また、グリーンインフラの活用を推進する場面として、次のような例を挙げています。

Ⓐ 気候変動への対応
Ⓑ 投資や人材を呼び込む都市空間の形成
Ⓒ 自然環境と調査したオフィス空間等の形成
Ⓓ 持続可能な国土利用・管理
Ⓔ 人口減少等に伴う低未利用地の利活用と地方創生
Ⓕ 都市空間の快適な利活用
Ⓖ 生態系ネットワークの形成
Ⓗ 豊かな生活空間の形成

2. 高齢化とユニバーサルデザイン

令和４年版高齢社会白書によると、我が国は、2021年10月1日現在で65歳以上が総人口に占める割合（高齢化率）が28.9％となりました。しかし、これで終わりではなく、さらに高齢化率は上昇を続け、2035年には32.8％にまで達すると予想されており、2065年には38.4％になると想定されています。高齢化率が７％から14％までに達する年数は、フランスが115年、スウェーデンが85年、ドイツが40年なのに対して、日本は24年しかありませんでした。このように、現状の高齢化率が高いのも問題ですが、高齢化に至るまでのスピードが著しく速かったのも大きな問題となっています。一方、令和４年版少子化社会対策白書によると、出生数は減少を続けており、年少（0〜14歳）人口は2056年に1,000万人を割り2065年には898万人にまで減少すると想定されています。生産年齢（15〜64歳）人口は2029年に7,000万人を割り、2065年には4,529万人になると推計されています。そのため、1950年には高齢者１人に対して12.1人の生産年齢人口があったのに対して、2015年には2.3人となり、2065年には1.3人にまで激減すると考えられています。なお、人口の方は、2010年時点で１億2,806万人でしたが、2029年には１億2,000万人を下回ると推定されており、その後も減少していくと予想されています。この結果、国際的にみると、**図表7.4**に示すように日本の生産年齢人口比率が低い状況となっており、これは国際競争力の面でマイナスの影響を及ぼします。それに対して、政策的な対応だけではなく、技術的な対応を考える必要があります。

高齢化率の伸びに伴って、施設等に関しては、これまでの設計の考え方では十分ではなくなっています。高齢者は若い人に比べて、何らかの障害や弱点があるため、これからはユニバーサルデザインに配慮したまちづくりを推進していかなければならないと考えられます。また、訪日外国人旅行者の増加に伴い、今後は経済活動の面でも、ユニバーサルデザインなどの要求は強まっています。

図表 7.4　年齢（3 区分）別割合

国名	年齢（3 区分）別割合（%）		
	0～14 歳	15～64 歳	65 歳以上
世界	25.4	65.2	9.3
日本	11.9	59.5	28.6
韓国	12.5	71.7	15.8
中国	17.7	70.3	12.0
アメリカ	18.4	65.0	16.6
ドイツ	14.0	64.4	21.7
イギリス	17.7	63.7	18.7
フランス	17.7	61.6	20.8

〔出典：令和 4 年版少子化社会対策白書〕

なお、ユニバーサルデザインの基本は、次の７つの原則になります。

原則 1：誰にでも公平に利用できること
原則 2：使う上で自由度が高いこと
原則 3：使い方が簡単ですぐわかること
原則 4：必要な情報がすぐに理解できること
原則 5：うっかりミスや危険につながらないデザインであること
原則 6：無理な姿勢をとることなく、少ない力でも楽に使用できること
原則 7：アクセスしやすいスペースと大きさを確保すること

こういったユニバーサルデザインを前提とした法律として、「高齢者、障害者等の移動等の円滑化の促進に関する法律（バリアフリー法）」が制定されていますし、「公共交通機関の旅客施設に関する移動等円滑化整備ガイドライン」も策定されています。これらに基づいて、最近では鉄道施設においてもバリアフリー化工事が積極的に行われています。

実際のバリアフリー化の現状として、公共交通機関における状況を**図表 7.5**に示します。

図表 7.5　1日当たりの平均的な利用者数が 3,000 人以上の旅客施設のバリアフリー化

「段差の解消」がされている旅客施設の割合	総施設数 令和２年度末	移動等円滑化基準（段差の解消）に適合している旅客施設数 令和２年度末	総施設数に対する割合 令和２年度末	目標値 令和２年度末
鉄軌道駅	3,251	3,090	95.0 %	100.0 %
バスターミナル	36	34	94.4 %	100.0 %
旅客船ターミナル	8	8	100.0 %	100.0 %
航空旅客ターミナル	16	16	100.0 %	100.0 %

「段差の解消」については、バリアフリー法に基づく公共交通移動等円滑化基準第４条（移動経路の幅、傾斜路、エレベーター、エスカレーター等が対象）への適合をもって算定

〔出典：国土交通白書 2022〕

鉄道駅の段差解消比率は 95 %になっていますが、対象とする駅は現在のところ、1日3千人以上の駅となっています。これを令和7年度までの新目標として、1日2千人以上の駅とし、ホームドアについては駅全体で 3,000 番線、そのうち1日 10 万人以上の駅で 800 番線を整備するとしています。

なお、バリアフリーへの要求は、高齢者だけではなく、子育て世代と考えられる 20〜30 代からも強くなっている点が、国土交通省の国民意識調査の結果として表れています。そのため、不特定多数の者や高齢者、障がい者等が利用する建築物で、一定規模以上のものを建築する場合には、「バリアフリー法」に基づくバリアフリー化を義務付けるとともに、多数の者が利用する建築物について、所定の基準に適合した認定建築物に対する容積率の特例措置が実施されます。

また、歩行者空間においても、下記のような対策が実施されています。

① 幅の広い歩道の整備

② 歩道の段差・傾斜・勾配の改善

③ スロープや昇降装置つきの立体横断施設の設置

④ 歩行者用案内標識の設置

⑤ 歩行者等を優先する道路構造の整備

⑥ 歩行者や自動車から分離された自転車走行空間の整備

⑦　生活道路における通過交通の進入や速度の抑制
⑧　バリアフリー対応型信号機の整備
⑨　歩車分離式信号の運用
⑩　携帯端末を使った歩行者等支援情報通信システム
⑪　信号灯器のLED化

2023年春にはレベル4の自動運転が国内で認められますが、その最初の利用目的として期待されているのが、過疎地における高齢者の送迎などの利用になります。そういった利用が進むと、高齢者の運転による事故も減少し、高齢者にとって安全・安心な生活環境が実現できると考えられます。なお、自動運転については、国土交通省自動車局より、「自動運転車の安全ガイドライン」が出されており、そのなかで、**図表7.6**に示す自動運転化レベルが定義されています。

図表7.6　自動運転化レベルの定義の概要

レベル	名称	定義概要	安全運転に係る監視、対応主体
運転者が一部又は全ての動的運転タスクを実行			
0	運転自動化なし	運転者が全ての動的運転タスクを実行	運転者
1	運転支援	システムが縦方向又は横方向のいずれかの車両運動制御のサブタスクを限定領域において実行	運転者
2	部分運転自動化	システムが縦方向及び横方向両方の車両運動制御のサブタスクを限定領域において実行	運転者
自動運転システムが（作動時は）全ての運転タスクを実行			
3	条件付運転自動化	システムが全ての動的運転タスクを限定領域において実行 作動継続が困難な場合は、システムの介入要求等に適切に応答	システム（作動継続が困難な場合は運転者）

4	高度運転自動化	システムが全ての動的運転タスク及び作動継続が困難な場合への応答を限定領域において実行	システム
5	完全運転自動化	システムが全ての動的運転タスク及び作動継続が困難な場合への応答を無制限に（すなわち、限定領域内ではない）実行	システム

〔出典：自動運転車の安全ガイドライン（国土交通省自動車局）〕

3. ものづくりの現状

製造業の現場においては、コロナやウクライナ問題などの影響を受けて、変革を迫られています。「2022年版ものづくり白書」では、次のような内容を示しています。

(1) サプライチェーンの強靭化

最近話題になっているのは、半導体の不足による生産停止問題です。2019年には、40日分の在庫日数を持っていた半導体が、2021年には5日まで減少しており、自動車工場の操業停止などの問題が生じています。また、コロナの猛威のために中国の都市封鎖が行われたことで、多くの電気電子部品の供給も停止したりしており、多くの製造業で生産の停滞が起きています。これまで、在庫を減らしてサプライチェーンを進化させてきた製造業はジャストインタイムの生産方式の変革を迫られています。これからは、製造業においては強靭なサプライチェーンを構築することが求められますので、ジャストインケースという考え方も模索されてきています。ジャストインケースを一口にいうと、「予期しない状況を乗り越えるために、ちょっとした在庫を持っておこう」という考え方になります。そのために、サプライチェーン内のどこに在庫を増やすべきなのかや、AIやロボットを活用した予測や生産体制の整備も求められています。

具体的に行われている取組として、ものづくり白書には次のような内容が挙げられています。

① 調達先の分散
② 国内生産体制の強化
③ 標準化、共有化、共通化の推進
④ 調達先に関する情報の定期的な更新・メンテナンス
⑤ 在庫の積み増し
⑥ 代替調達の効かない部材の排除、汎用品への切り替え
⑦ 調達先の地域的分散

(2) 製造業就業者の変化

製造業においては、2002年には34歳以下の就業者は384万人でしたが、2021年には263万人まで減少しています。また、34歳以下の就業者の割合も2002年には31.4％でしたが、2021年には25.2％と減少しています。この傾向は、製造業に限らず全産業でも同じような傾向を示しています。一方、65歳以上の高齢就業者数は2002年には58万人でしたが、2021年には91万人と約1.6倍になっています。65歳以上の就業者の割合も2002年には4.7％でしたが、2021年には8.7％と増加しており、製造業の就業者の高齢化が進んでいるのがわかります。

製造業の正規雇用者の割合については2013年に67.0％でしたが、2021年には68.7％と多少増えており、全産業の53.6％（2021年）と比べると高い割合になっています。また、製造業における新規学卒者数は2013年には13万人でしたが、2020年には16.6万人と増加しています。企業の規模別に見ると、従業員数1,000人以上の企業への新規学卒者の比率は2013年には42.8％で、2019年には58.6％と増加しましたが、2020年には48.0％に減少しています。工学系大学の卒業後就職者における産業別の割合を見ると、1990年度での68,899人の就職者のうち、建設業と製造業への就職者割合は71％でしたが、2020年の49,078人の就職者のうち、建設業と製造業への就職者割合は44％と大幅に低下しています。工学系大学卒業の就職者数も大幅に減少しているのに加え、

比率も大幅に減少しています。ただし、1990年度の統計になかった情報通信業が2020年度には19％となっていますので、それを加えると63％までアップします。

外国人労働者数に関しては、製造業では、2013年に約26万3千人でしたが、2021年には約46万6千人と増加しており、外国人労働者への依存が高まっています。しかし、全産業の外国人労働者数が、2013年に約71万8千人でしたが、2021年には約172万7千人と100万人増加しているのに対し、伸び率が低いため、製造業の外国人労働者比率は、2013年の36.6％から2021年に27.0％に減少しています。最近では、ドルに対して円安が急激に進んでいますが、アジアの国との通貨でも円安が進んでいます。そのため、これまでアジアの国から日本に仕事に来ていた外国人労働者は、自国通貨に換算した収入が減るため、日本を避けて豪州などに働きに行く人が増えています。その結果、我が国の外国人労働者が今後減る可能性も高くなっており、製造業の日本回帰の動きにマイナスの影響を及ぼす可能性もあります。

(3) 技能継承

上記のように製造業の高齢化や外国人労働者の増加にともなって、技能継承が必要となってきています。同白書では、製造業で行われている技能継承の取組として各社の状況を調査した結果、次のような取組が行われているとしています。

① 退職者の中から必要な者を選抜して雇用延長、嘱託による再雇用を行い、指導者として活用している
② 中途採用を増やしている
③ 新規学卒者の採用を増やしている
④ 技能継承のための特別な教育訓練により、若年・中堅層に対する技能・ノウハウ等伝承している
⑤ 退職予定者の伝承すべき技能・ノウハウ等を文書化、データベース化、マニュアル化している

⑥　伝承すべき技能・ノウハウ等を絞り込んで伝承している
⑦　不足している技能を補うために契約社員、派遣社員を活用している
⑧　事業所外への外注を活用している
⑨　高度な技能・ノウハウ等が不要なように仕事のやり方、設計等を変更している

(4) ものづくりにおけるデジタル化

ものづくりにおいてもデジタル化は大きな効果をもたらします。これまでにデジタル技術で効果が出た項目として、効果が大きい順に次のような内容を示しています。

①　生産性の向上
②　開発・製造等のリードタイムの削減
③　作業負担の軽減や作業効率の改善
④　在庫管理の効率化
⑤　高品質のものの製造
⑥　過去と同じような作業がやりやすくなる（仕事の再現率向上）
⑦　生産態勢の安定（設備や装置の安定稼働など）
⑧　製造経費の削減
⑨　顧客への細かな対応や迅速な対応
⑩　不良率の低下
⑪　業績の改善
⑫　人手不足の解消

一方、デジタル技術を活用していく上での課題として、次のような事項を挙げています。

①　デジタル技術導入にかかるノウハウの不足
②　デジタル技術の活用にあたって先導的役割を果たすことのできる人材の不足

③　デジタル技術導入にかかる予算の不足
④　デジタル技術の活用にあたって先導的役割を果たすことのできる人材の育成のためのノウハウの不足
⑤　デジタル技術の活用にあたって先導的役割を果たすことのできる人材の確保・育成のための予算の不足
⑥　他に優先する課題がある
⑦　社内情報の漏えい防止に係るセキュリティ対策
⑧　デジタル技術の導入・活用に向けた経営ビジョンや戦略がない

さらに、IT 人材の状況はどうかというと、IT 人材の量的な不足感は 88.2 %の企業が感じており、質的な不足感についても 88.9 %の企業が不足感を感じています。国際的に見ると、IT 人材に関する量的な過不足感として、米国では 43.1 %の企業しか不足感を感じていないのに対して、我が国では 76 %の企業で不足感を感じています。それに対して、デジタル技術活用を進めるための人材育成・能力開発の取組としてどのようなことをしているかについては、次のような事項を挙げています。

①　作業標準書や作業手順書の整備
②　OFF–JT の実施
③　身につけるべき知識や技能の明確化
④　ベテランから継承すべき技能・技術についての指導・訓練
⑤　従業員のスキルマップや人材マップの整備
⑥　新規の業務や課題へのチャレンジ
⑦　会社としての人材育成方針の説明
⑧　自己啓発活動に対する支援

また、デジタル技術の活用に向けたものづくり人材確保の取組として、次のような内容を挙げています。

①　自社の既存の人材に対してデジタル技術に関連した研修・教育訓練を行

う

② デジタル技術に精通した人材を中途採用する
③ デジタル技術の活用は外注するので社内で確保する必要はない
④ デジタル技術に精通した人材を新卒採用する
⑤ 出向・派遣等により外部人材を受け入れる

今後は、デジタル・技術スキルが求められていますが、スイスの国際経営開発研究所が公表している「世界デジタル競争ランキング 2021」によると、日本のデジタル競争力は 64ヵ国中 28 位と低迷しており、評価項目の中でも「デジタル・技術スキル」は、62 位ととても低くなっています。これを改善するためには、一部の IT 人材に頼るのではなく、全社員対象でのリスキリングを行う必要がありますが、米国においては、全社員対象での学び直しを行っている企業の割合は 37.4 %もあるのに対して、日本では 7.9 %と低迷しています。

(5) 女性の活用

女性の活用についても、日本は国際的に遅れているといわれています。女性研究者数の割合で見ると、英国 39 %（2019 年時点)、米国 33.9 %（2019 年時点)、フランス 28.3 %(2017 年時点)、ドイツ 28.1 %(2019 年時点)、韓国 21.4 %(2020 年時点）に対して、日本は 17.5 %（2021 年時点）と低迷しています。この現状に対して国は、2021 年 3 月に、2025 年までに研究者の採用に占める女性の割合を理学系 20 %、工学系 15 %、農学系 30 %などの成果目標を閣議決定しています。

4. 社会的責任

最近では、企業の不祥事がニュースになることも多くなっており、社会的責任に対する姿勢が求められるようになっています。社会的責任については、「社会的責任に関する手引き（ISO 26000)」があり、そこで「社会的責任の目的は持続可能な発展に貢献すること」と示されています。また、ISO 26000 は JIS 化されて JIS Z26000 が規格化されています。ここでは、社会的責任を、「組織の決定及び活動が社会及び環境に及ぼす影響に対して透明かつ倫理的な行動を通じて組織が担う責任」と定義されており、透明かつ倫理的な行動として次の内容が示されています。

① 健康及び社会の福祉を含む持続可能な発展に貢献する。
② ステークホルダーの期待に配慮する。
③ 関連法令を順守し、国際行動規範と整合している。
④ その組織全体に統合され、その組織の関連の中で実践される。

また、社会的責任の本質的な特徴は、社会及び環境に対する配慮を自らの意思決定に組み込み、自らの決定及び活動が社会及び環境に及ぼす影響に対して説明責任を負うという組織の意欲であると説明されています。さらに、社会的責任の7つの原則として、以下の内容が示されています。

① 説明責任
組織は、自らが社会、経済及び環境に与える影響について説明責任を負うべきである。
② 透明性
組織は、社会及び環境に与える自らの決定及び活動に関して、透明であるべきである。
③ 倫理的な行動
組織は、倫理的に行動すべきである。
④ ステークホルダーの利害の尊重
組織は、自らのステークホルダーの利害を尊重し、よく考慮し、対応すべきである。
⑤ 法の支配の尊重
組織は、法の支配を尊重することが義務であると認めるべきである。

⑥　国際行動規範の尊重

組織は、法の支配の尊重という原則に従うと同時に、国際行動規範も尊重すべきである。

⑦　人権の尊重

組織は、人権を尊重し、その重要性及び普遍性の両方を認識すべきである。

なお、社会的責任には取り組むべき7つの中核主題が示されています。それを**図表7.7**に整理してみます。

図表7.7　社会的責任の中核主題

中核主題	説明	原則／考慮点
1．組織統治	決定を下し、実施するときに従うシステム	説明責任、透明性、倫理的な行動、ステークホルダーの利害の尊重、法の支配の尊重、国際行動規範の尊重、人権の尊重
2．人権	人に与えられた基本的権利（労働権、食糧権、教育を受ける権利、社会保障を受ける権利など）	人に属する固有のもの、はく奪できない絶対的なもの、すべての人に適用される普遍的なもの、無視することができない不可分なもの、他の人権の実現に貢献する相互依存的なもの
3．労働慣行	下請け労働を含め、労働に関連するすべての方針及び慣行	労働者を生産の要素としたり、市場原理の影響下にあるものとして扱ったりすべきでなく、労働者固有の脆弱性と基本的権利を保護する。
4．環境	天然資源の枯渇、汚染、気候変動、生息地の破壊、種の減少、生態系全体の崩壊、都市・地方の人間居住の悪化等に直面している	ライフサイクルアプローチ、環境影響評価、クリーナープロダクションと環境効率、製品サービスシステムアプローチ、環境にやさしい技術と慣行の採用、持続可能な調達、学習と啓発

5．公正な事業慣行	汚職防止、公的領域への責任ある関与、公正な競争、社会的に責任ある行動、他の組織との関係、財産権の尊重	倫理的な行動基準の順守・促進・奨励、法の支配の尊重、倫理基準の順守、説明責任と透明性、組織が互いに誠実・公平・高潔性をもって取引する
6．消費者課題	教育と正確な情報提供、公正・透明・有用なマーケティング情報、持続可能な消費の促進、社会的弱者への製品・サービス設計、プライバシーの保護責任	安全の権利、知らされる権利、選択する権利、意見が聞き入れられる権利、救済される権利、教育を受ける権利、健全な生活環境の権利、プライバシーの尊重、予防的アプローチ、男女の平等と女性の社会的地位の向上、ユニバーサルデザインの推進
7．コミュニティへの参画及びコミュニティの発展	コミュニティの発展への貢献を目的としたコミュニティへの参画	コミュニティの一員の認識、資源と機会を最大化する道を追求する権利の尊重、コミュニティの特性を認め尊重、連携して活動することの大切さ認識

5. 技術者としての倫理

必須科目（Ⅰ）で出題されている問題の(4)の小設問では、①技術者としての倫理、②社会の持続可能性、③社会の保全のうち２つの観点から要件・留意点を示す設問があります。このうち、社会の持続可能性や社会の保全に関しては、他の章で示した内容が知識として役立つと思いますが、技術者としての倫理に関してここで補足しておきたいと思います。技術者倫理については、公益社団法人日本技術士会の中でも勉強会が開かれており、いろいろな意見がありますが、本著では、公に示されている資料をもとに説明をしていますので、本項でもそういった資料の内容を紹介することにより、倫理について自分なりの意識を持つための基礎資料として考えてもらえればと考えます。

(1) 倫理とは

倫理に関する用語として、倫理、人倫、道徳、規範などという言葉がありますが、それぞれどういった意味で説明されているのかを、広辞苑第七版の記述を参考に確認してみます。

<table><tr><td>
①　倫理
　人倫のみち。実際道徳の規範となる原理。道徳。
②　人倫
　人と人との秩序関係。君臣・父子・夫婦など、上下・長幼などの秩序。転じて、人として守るべき道。人としての道。
③　道徳
　人のふみ行うべき道。ある社会で、その成員の社会に対する、あるいは成員相互間の行為の善悪を判断する基準として、一般に承認されている規範の総体。法律のような外面的強制力や適法性を伴うものでなく、個人の内面的な原理。今日では、自然や文化財や技術品など、事物に対する人間の在るべき態度もこれに含まれる。
④　規範
　のっとるべき規則。判断・評価または行為などの拠るべき手本・基準。
</td></tr></table>

なお、倫理学には大きく２つの学派があり、『規範倫理学』では、「倫理学の目的は、人間がよく生きるための道徳原理や規範を提示し、その正当性を根拠づけることにある。」とし、永遠不変なものとする立場をとっています。もう一方の『記述倫理学』では、「倫理学の目的は、道徳や習俗を社会現象として捉えて、その事実を記述すること。」と考え、歴史的発展的なものとする立場をとっています。「技術者としての倫理」で考える場合には、後者の考え方がふさわしいと考えます。

また、なぜ最近では「技術者としての倫理」が問われるようになっているかというと、技術がもたらす影響力が大きくなっているという現実と、技術が持つ二面性が影響していると考える必要があります。技術者は、技術は常に二面性を持っているという点を、強く認識する必要があります。具体的には、技術は人間社会を便利で快適にするという「**陽の面**」の効果を持っており、その点を活用して、これまで社会が進化してきた事実があります。しかしそれと同時に、予想できなかった悪影響や副作用などが発現する場合も少なくありません。また、技術の導入時だけを考えるのではなく、成果物が使用される中での経年変化や、廃棄されるときの課題などを含めて、「**陰の面**」を持っているのも事実です。これまでは、陰の面の多くは、自然界の浄化作用などの非人為的な効果で解決や希薄化がなされていたため、それ自体を問題視しないでもよい時代がありました。また、技術者が負の効果を知っていながらも、自然の雄大さに技術者が内心期待している面もあったと思います。それだけではなく、当事者となる組織があえて陽の面だけを強調して、技術や製品の普及を促進してきたという例もあります。しかし、最近になって技術の影響力が大きくなってきたため、陰の面での効果や影響を重視せざるをえない事象が増えてきています。それは、技術や製品の影響の大きさが、自然の作用による浄化・希薄化能力を超えてしまったからでもあります。それを図で示すと、**図表 7.8** のような流れになります。

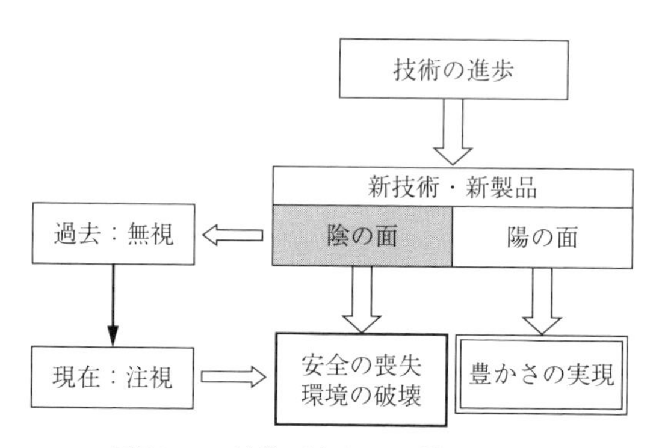

図表 7.8　技術がもたらす効果と影響

(2) 倫理の対象となるもの

倫理の対象としては、環境の保全や公衆の安全が第一に挙げられます。こういった倫理の対象に近い事項を扱っている法律として公益通報者保護法がありますので、その内容をここで示します。公益通報者保護法の目的は第 1 条に

「この法律は、公益通報をしたことを理由とする公益通報者の解雇の無効及び不利益な取扱いの禁止等並びに公益通報に関し事業者及び行政機関がとるべき措置等を定めることにより、公益通報者の保護を図るとともに、国民の生命、身体、財産その他の利益の保護に関わる法令の規定の遵守を図り、もって国民生活の安定及び社会経済の健全な発展に資することを目的とする。」と示されています。また、第２条の定義の第３項で、「この法律において「通報対象事実」とは、次の各号のいずれかの事実をいう。」と示されており、第１号に「この法律及び個人の生命又は身体の保護、消費者の利益の擁護、環境の保全、公正な競争の確保その他の国民の生命、身体、財産その他の利益の保護に関わる法律として別表に掲げるものに規定する罪の犯罪行為の事実又はこの法律及び同表に掲げる法律に規定する過料の理由とされている事実」と示されています。法律に定義されている内容は、当然、技術者が守らなければならない内容ですので、アンダーラインを引いた事項に反する結果をもたらす可能性があるものに対しては、十分配慮することが求められます。

なお、新しい技術において気をつけなければならない点として、「**不可逆性**」という特性があります。技術の中には、一度世の中に出してしまうと元に戻せないか、または元に戻すのに費用と時間が多くかかるものがあります。そういった結果をもたらすものに対しては、技術者は利用や公開を慎重にする必要があります。なお、新技術などが、人の健康や環境に重大かつ不可逆的な影響を及ぼす場合には、科学的に因果関係が十分証明されない場合でも、何らかの規制措置を講じるという考え方として、「**予防原則**」があります。この考え方が示されたのが、1992年の「環境と開発に関するリオ・デ・ジャネイロ宣言」（リオ宣言）です。その第15原則で、「環境を保護するため、予防的アプローチは、各国により、その能力に応じて広く適用されなければならない。重大または回復不可能な損害の恐れがある場合には、完全な科学的確実性の欠如が、環境悪化を防止するための費用対効果の大きな対策を延期する理由として使われてはならない。」と示されています。

なお、環境とともに科学から影響を受ける公衆の定義に関しては、技術士第一次試験の適性科目に出題された問題がありますので、それを確認のために示します。

> 「公衆の安全、健康、及び福利を最優先すること」は、技術者倫理で最も大切なことである。ここに示す「公衆」は、技術業の業務によって危険を受けうるが、技術者倫理における1つの考え方として、「公衆」は、「　ア　である」というものがある。
>
> 次の記述のうち、「　ア　」に入るものとして、最も適切なものはどれか。(令和3年度適性科目Ⅱ－2)
>
> ①　国家や社会を形成している一般の人々
>
> ②　背景などを異にする多数の組織されていない人々
>
> ③　専門職としての技術業についていない人々
>
> ④　よく知らされたうえでの同意を与えることができない人々
>
> ⑤　広い地域に散在しながらメディアを通じて世論を形成する人々

この正答はアンダーラインを引いてある④ですので、これを公衆の定義と考える必要があります。なお、公衆は技術者が生み出した悪影響に対して、被害者として脅威を強く感じる傾向があります。その考え方を示した言葉に、『フランケンシュタイン・コンプレックス』というものがあります。フランケンシュタインは、メアリー・シェリーが1831年に発表した怪奇小説の中にでてくる怪物（人造人間）を造ったスイス人科学者の名前です。この怪物自体は無名で、死体を材料に作り出されたのですが、創造主であるフランケンシュタインの身近な人たちを次々に殺害し、最終的にフランケンシュタインを道連れに死にます。この小説の影響で、被造物が創造主を滅ぼすという定説が生まれました。このように、被造物が創造者でも制御できなくなり、危険な結果を起こすのではないかという不安感を「フランケンシュタイン・コンプレックス」と、生化学者でかつ作家でもあったアイザック・アシモフが呼んだことから一般化した言葉です。そのため、技術者はそういった懸念を公衆が持つことを前提にして、事前に十分に配慮する義務と責任があると考えなければなりません。

(3) 技術者の責務

過失責任に関しては、民法709条に「不法行為による損害賠償」が定められており、「故意又は過失によって他人の権利又は法律上保護される利益を侵害した者は、これによって生じた損害を賠償する責任を負う。」と示されています。**故意**というのは、意図的に、または一定の結果が生じることを認識して行った場合ですので、責任をとるのは当然です。**過失**というのは、誤ってか、なすべき注意を欠いていた場合に起こった結果です。また、予見が可能であるのに不注意であったとか、回避が可能であったのに不注意で回避をしなかったような、不注意による場合も過失とされます。ですから、故意の場合は除いて、十分な注意を払っていて過失がない場合には、その被害に対する責任は免責され、**無過失**となります。民法では、無過失の責任は問われないことになります。

公衆が技術を原因として被害を被った場合に、その原因に過失があったという証明をするのは、技術者ではない公衆には不可能ともいえます。この場合の公衆と技術者の関係は、数学の知識のない小学生低学年の児童と大学生が数学のテストをして競うくらい、平等ではありません。そういった事情から、現在では製造物責任法が作られ、**無過失責任**が問われるようになっています。無過失責任では、「危険を作ったり、制御できる立場の人が責任を負うべき」であるという考え方と、「利益を享受した者が責任を負わなければならない」という考え方に基づいています。

また、公衆には、安全や環境に影響がある事実については、『**知る権利**』がありますし、技術者には情報公開する責務も生じます。情報公開すべき事項が隠蔽されていた場合に、それが公になった際には、結果として公衆の不信となり、大きな社会問題となります。そういった点で、リスクコミュニケーションが重要となります。

6. 社会構造変革を扱った問題例

社会構造変革を扱った問題例として次のようなものが想定されます。

【問題例 1】

○　理工系分野の技術者不足は、多方面で広く報告されている。電気電子分野においては、求められる技術者が専門ごとに異なり、課題も変化し多様化している。このため電気電子すべての専門分野で技術者不足が懸念されており、今後の継続的発展のためには技術者を確保していくことが不可欠である。これらを踏まえ、以下の設問に技術面で解答せよ。(人事、政策などは含まない。)（令和 4 年度－1)

(1)　電気電子分野の技術者としての立場で、①実務で求められるスキルと現状との不一致、②実務の生産性（省力化など)、③専門分野の魅力や発展性、の3つの観点から課題を1つずつ抽出し、それぞれの課題の内容を示せ。(＊)

（＊）解答の際には必ず観点番号を述べてから課題を示せ。

(2)　前問(1)で抽出した課題のうち最も重要と考える課題を1つ挙げ、これを最も重要とした理由を述べよ。その課題に対する解決策を3つ、ハードウェア技術とソフトウェア技術の区分を明記し、専門技術用語を交えて示せ。

(3)　前問(2)で示したすべての解決策を実行しても新たに生じうるリスクとそれへの対策について、専門技術を踏まえた考えを示せ。

(4)　前問(1)～(3)の業務遂行に当たり、技術者としての倫理、社会の持続可能性の観点から必要となる要件・留意点を題意に即して述べよ。

【問題例 2】

○　我が国において、短期的には労働力人口は著しく低下しないと考えられているものの、女性や高齢者の労働参加率の向上もいずれ頭打ちになり、長期的には少子高齢化によって労働力人口が大幅に減少すると考えられる。一方で、「ものづくり」から「コトづくり」への変革に合わせた雇用の柔軟化・流動化の促進、一億総活躍社会の実現といった働き方の見直しが進められている。このような社会状況の中で、実際の設計・開発、製造・生産、保守・メンテナンス現場におけるものづくりの技術伝承については、現場で実務を通して実施されている研修と座学研修・集合研修をいかに組み合わせるか等の、単なる方法論の議論だけでなく、より広い視点に立った大きな変革が求められている。このような社会状況を考慮して、電気電子技術者の立場から次の各問に答えよ。(想定問題)

(1)　今後のものづくりにおける技術伝承に関して、電気電子技術全般にわたる技術者としての立場で多面的な観点から課題を抽出し分析せよ。

(2)　抽出した課題のうち最も重要と考える課題を１つ挙げ、その課題に対する複数の解決策を示せ。

(3)　上記すべての解決策を実行した上で生じる波及効果と新たに生じる懸念事項への対応策を示せ。

(4)　業務遂行において必要な要件・留意点を技術者としての倫理、社会の持続可能性の観点から述べよ。

【問題例3】

○　我が国の人口は、2008年をピークに減少に転じており、2050年には1億人を下回るとも言われる人口減少時代を迎えている。人口が減少する中で、電気電子技術は社会において重要な役割を果たすものと期待され、その能力を最大限に引き出すことのできる社会・経済システムを構築していくことが求められる。(令和元年度－2)

(1)　人口減少時代における課題を、技術者として多面的な観点から抽出し分析せよ。解答は、抽出、分析したときの観点を明記した上で、それぞれの課題について説明すること。

(2)　(1)で抽出した課題の中から電気電子技術に関連して最も重要と考える課題を1つ挙げ、その課題の解決策を3つ示せ。

(3)　その上で、解決策に共通して新たに生じうるリスクとそれへの対策について、専門技術を踏まえた考えを示せ。

(4)　(1)～(3)の業務遂行において必要な要件を、技術者としての倫理、社会の持続可能性の観点から述べよ。

【問題例4】

○　我が国の社会インフラは高度経済成長期に集中的に整備され、建設後50年以上経過する施設の割合が今後加速度的に高くなる見込みであり、急速な老朽化に伴う不具合の顕在化が懸念されている。また、高度経済成長期と比べて、我が国の社会・経済情勢も大きく変化している。

こうした状況下で、社会インフラの整備によってもたらされる恩恵を次世代へも確実に継承するためには、戦略的なメンテナンスが必要不可欠であることを踏まえ、以下の問いに答えよ。(想定問題)

(1)　社会・経済情勢が変化する中、老朽化する社会インフラの戦略的なメンテナンスを推進するに当たり、技術者としての立場で多面的な観点から課題を抽出し、その内容を観点とともに示せ。

(2)　(1)で抽出した課題のうち最も重要と考える課題を１つ挙げ、その課題に対する複数の解決策を示せ。

(3)　(2)で示した解決策に共通して新たに生じうるリスクとそれへの対策について述べよ。

(4)　(1)～(3)を業務として遂行するに当たり必要となる要件を、技術者としての倫理、社会の持続可能性の観点から述べよ。

【問題例 5】

○　地域（都市部を含む）医療では、従来から地域に密着した医療や遠隔医療の取組が行われている。しかし、技術実証から社会インフラとしての医療への移行・普及のため、健康ケア及び介護ケアを含めた、医療全体を考える必要がある。また、その対応は地域やそこに住む人々、職場、家族構成などによって異なり、実情に即した展開が必要である。地域医療を充実・発展させるため、以下の設問に技術面で答えよ。（政策などは含まない。）（令和４年度－2）

(1)　持続可能な地域医療の実現に向けて、電気電子分野の技術者としての立場で多面的な観点から３つの課題を抽出し、それぞれの観点を明記したうえで、その課題の内容を示せ。（＊）

（＊）解答の際には必ず観点を述べてから課題を示せ。

(2)　前問(1)で抽出した課題のうち最も重要と考える課題を１つ挙げ、その課題に対する解決策を３つ、専門技術用語を交えて示せ。

(3)　前問(2)で示したすべての解決策を実行しても新たに生じうるリスクとそれへの対策について、専門技術を踏まえた考えを示せ。

(4)　前問(1)～(3)の業務遂行において必要な要件を、技術者としての倫理、社会の持続可能性の観点から題意に即して述べよ。

増補章

選択科目（Ⅲ）

選択科目（Ⅲ）は、選択科目の範囲という条件はありますが、必須科目（Ⅰ）と同様に「問題解決能力及び課題遂行能力」を試す試験科目です。そういった点で、本著で示した基礎知識が活用できる問題が出題されています。対象が「選択科目」ですので、問題で扱うテーマが選択科目で最近話題となっている事項になりますし、解答する内容についても、より具体的で実務的のものが求められるという点はありますが、多面的な視点で記述を求められるのは同様です。また、3枚解答問題という点からも選択科目（Ⅱ＆Ⅲ）のうちで50％の配点が与えられていることから、この問題の成否は午後の試験結果に大きな影響を与える試験問題と考える必要があります。

1. 選択科目（Ⅲ）の問題分析

選択科目（Ⅲ）の問題の展開は、小設問(1)で問題のテーマとして示した事項に関して、多面的な観点から3つの課題を提示させることから始まります。その際にこれまでの章で示した内容を参考に、多面的な課題抽出ができるかが得点を決めます。もちろん課題には、一般的な観点である、経済性、安全性、効率性などの観点からの課題抽出も含まれます。それができたら、小設問(2)でそのうちでもっとも重要と考える課題を選択するのですが、ここで受験者の技術者として経験の深さが試されると考える必要があります。それは、続く小設問(3)で中心となる、「新たに生じうるリスク」や「波及効果と懸念事項」が何かをすでに考えて選択をしているかが得点に大きく影響するからです。もちろん、小設問(2)で示す課題の解決策3つを何にするかが評価されるのですが、それは小設問(3)へ続くプロムナード的な記述と考えるべきです。そして、最後の勝負となる小設問(3)においても、リスクや懸念事項という項目の記述段階で、再び本著の各章で示した知識が活かされると思います。

解答が合格点以上の内容になるかは、示された問題のテーマの把握の仕方に大きな影響を及ぼされるのは当然です。この問題は、自分が選択した選択科目に関する問題ですので、当然、実際に業務で感じていたことや将来の展開などに普段から興味を持っていたかどうかが、記述する内容の深さに大きな影響を及ぼすのも当然です。そういった点で、本著を読んだ後に、自分の仕事の振り返りや業界がおかれている状況を、本試験前に再度検証してみる姿勢が必要です。

2. 選択科目（Ⅲ）の過去問題

下記にそれぞれの選択科目別に出題された問題をいくつか示しますので、これまでに示した内容を使って、多面的な観点から、問題内容を検討してみてください。なお、自分が受験する選択科目の問題だけではなく、その他の4つの選択科目でどんな問題が出題されているのか読むだけでも、電気電子部門全体でどういった潮流があるのかがわかり参考になると思います。

(1) 電力・エネルギーシステム

電力・エネルギーシステムでは、電力分野で実際に直面している事項をテーマにした問題が出題されています。そういった点で、取り組みやすい問題ですので、リスクや懸念事項について十分な考察をして解答することが必要です。

(a) 問題例1

○ 持続可能な社会を目指す国際社会共通の目標SDGsが掲げられ、その目標に向けた取組が世界で広がりつつある。電力流通分野においても、地球環境や自然環境の保全に向けた運用や技術開発など、様々な取組が行われている。このような状況を踏まえて、電力・エネルギーシステム分野の技術者として、以下の問いに答えよ。(令和4年度−1)

(1)　上記を踏まえた電力流通分野の環境保全に関する課題を、環境負荷低減、環境調和、省資源など多面的な観点から抽出し、その内容を観点とともに3つ示せ。

(2)　前問(1)で抽出した課題のうち最も重要と考えられる課題を1つ挙げ、その課題の解決策を3つ示せ。

(3)　前問(2)で示した解決策に共通して新たに生じうるリスクとそれへの対策について、専門技術を踏まえた考えを示せ。

《解答を考えるためのポイント》

この問題は、第2章で示したSDGsの17の目標だけではなく、169のターゲットの内容を把握していないと、問題が求めているポイントがうまく把握できないままに解答を作ってしまう可能性がある問題といえます。電力・エネルギーシステム分野に関係する目標とターゲットを事前に認識して書き出すと、評価が高い解答が作成できると考えます。エネルギー起源の二酸化炭素排出量の削減のために、どういった再生可能エネルギーや新たな燃料が今後注目されるのか、また再生可能エネルギーが自然界に新たに設置されることで、それによって環境調和の観点からどういった弊害が生じるのか、需要地まで電力を送る送電線に関しても、どういった環境への影響を考慮しなければならないのかなど、着目すべき点は多くあると考えます。

(b) 問題例2

○　2050年のカーボンニュートラル実現に向けて温室効果ガスを発生させないクリーンエネルギーとして水素が注目されている。電力産業においては電源の脱炭素化として再生可能エネルギーの主力電源化と電力システムの高効率化が進められている。このような状況を踏まえて、電力・エネルギーシステム分野の技術者として、以下の問いに答えよ。(令和4年度－2)

(1) 電力の発生と消費における水素の利用拡大に関する課題を多面的な観点から抽出し、その内容を観点とともに3つ示せ。

(2) 前問(1)で抽出した課題のうち最も重要と考える課題を1つ挙げ、その課題の解決策を3つ示せ。

(3) 前問(2)で示した解決策に伴って新たに生じうるリスクとそれへの対策について、専門技術を踏まえた考えを示せ。

《解答を考えるためのポイント》

水素の活用方法に関しては、第4章で示してありますが、再生可能エネルギーを主力電源化していくのは不可避の道ではあります。しかし、既存の火力発電所の利用をすべて停止するという選択肢も過渡期にはありえません。そういった点で水素や水素を使って製造したアンモニアの利用なども、どうしていくべきなのかを考えなければなりません。また、水素についても将来的にグリーン水素を中心に使っていくためには、国内で全量を賄うのは無理ですので、水素の輸送インフラの整備も欠かせませんし、エネルギー安全保障の観点での検討も必要です。また、発生電力に不安定さを持っている再生可能エネルギーの有効活用においても水素が介在する余地はあります。そういった点で、俯瞰的な視点で、利用方法と利用が拡大されるための仕組みについて考え、評価が得られる解答を推敲する必要があります。

(c) 問題例3

○ 産業分野において、IoT技術を核としたデジタルトランスフォーメーション（DX）による業務革新が急速に進められつつある。電力事業においても、設備保全が抱える課題を解決するため、DXを導入し、保全コストの低減や新しい保全サービスの提供が期待されている。このような状況を踏まえて、電力・エネルギーシステム分野の技術者として、以下の問いに答えよ。（令和3年度－1）

(1)　上記を踏まえた設備保全に関する課題を、技術者として多面的な観点から抽出し、その内容を観点とともに3つ示せ。

(2)　前問(1)で抽出した課題のうち最も重要と考える課題を1つ挙げ、その課題の解決策を3つ示せ。

(3)　前問(2)で示した解決策に共通して新たに生じうるリスクとそれへの対策について、専門技術を踏まえた考えを示せ。

《解答を考えるためのポイント》

デジタルトランスフォーメーションについては、第6章で説明していますが、その目的を明確にしないと効果的な導入ができないのが特徴といえます。電力・エネルギーシステム分野においては、再生可能エネルギーの主力電源化という方向性を考えると、新規の火力発電所の計画が立てられない状況です。一方、過渡期において、既存の火力発電所や水力発電所を有効に活用していくためには、それらを適切に管理して、効率を上げたり、寿命を延ばしたりしていく方策も求められます。そのためには、設備の状況を適宜・適切に把握し、ベストのタイミングで保全活動を行っていく必要があります。それに対して、IoT技術が有力なツールとなりますが、適切に状況を把握するためには、設備保守分野での経験が長い人たちのノウハウを活用していく必要があります。場合によっては暗黙知となっている経験知を仕組みに取り入れる方法などの課題も含まれると思います。また、第5章に示した災害時への対応なども含めて考える必要があります。

(d) 問題例 4

○　政府は「2035年までに新車販売で電動車100％を実現する」と表明しており、このような背景から電気自動車（EV）の普及・拡大の実現に向けて、周辺技術を含めた様々な技術開発の進展が望まれている。このような状況を踏まえて、電力・エネルギーシステム分野の技術者として、以下の問いに答えよ。(令和3年度－2)

(1)　EVの普及・拡大に伴う充電に関する課題を、技術者として多面的な観点から抽出し、その内容を観点とともに3つ示せ。

(2)　前問(1)で抽出した課題のうち最も重要と考える課題を1つ挙げ、その課題の解決策を2つ示せ。

(3)　前問(2)で示した解決策に伴う波及効果と懸念事項について、専門技術を踏まえた考えを示せ。

《解答を考えるためのポイント》

電気自動車の方向性については第4章で示していますが、まだまだ、業界でも確たる方向性や変革スピードの動向が定まっていないのが現状といえます。今後、電気自動車の活用が進められていくと、電力の需要量は大幅に増えていくというのは容易に想定できます。また、電気自動車への充電パターンが一日の電気の需要パターンの変化に大きな影響を及ぼすという点も、容易に想定できます。さらに、電気自動車からの放電を使った電力需要へのサポートも可能となります。そういった点で、電気自動車が電力需要設備となる場合と、供給設備になる場合もあると考えなければなりません。また、多くの電気自動車が同時に大量に充電する時間帯においては、電力負荷の急激な増加となり、電力・エネルギーシステムの設備容量の面から、対応が難しくなる時間帯が生じる可能性もあります。そういった状況をどのように想定して解答を考えていくかがポイントになると考えます。

(2) 電気応用

電気応用では、機器や設備単体の内容に限定することなく、使用環境やシステム、事業などの実用化レベルでの考察が求められる問題が出題されています。そういった点で、本著の内容を活かした解答ができるように準備しておいてもらいたいと思います。

(a) 問題例１

○　大型誘導電動機は工業分野の様々な箇所で使用されており、それらの使用場所は騒音、塵埃、電気ノイズなど使用環境の厳しい場合が多い。老朽更新のための設備費用の負担はもちろん点検のための人的コストも企業経営にとって大きな課題である。最近の技術を使用した診断に基づく適切な老朽更新は安定した操業維持のために重要である。（令和４年度－1）

(1)　大型誘導電動機本体の老朽更新に関連して、技術者としての立場で多面的な観点から３つの課題を抽出し、それぞれの観点を明記したうえで、その課題の内容を示せ。

(2)　抽出した課題のうち最も重要と考える課題を１つ挙げ、その課題に対する複数の解決策を、専門用語を交えて示せ。

(3)　前問(2)で示したすべての解決策を実行しても新たに生じうるリスクとそれへの対策について、専門技術を踏まえた考えを示せ。

《解答を考えるためのポイント》

この問題は、電気応用分野においては普遍的な問題ですので、本著の中では直接説明をしていません。特に大型の電動機の更新を行う場合には、その際の費用が膨大となるだけではなく、冗長化されていない設備の場合には、いつでも更新できるというものでもありません。また、安易に冗長化すると生産コストにも影響が及びますので、経済的な検討が求められる設備といえますし、経営的にはできるだけ長期間使っていく工夫も求められる事項といえます。さらに、問題文でも示されていますが、大型誘導電動機は使用場所の点で過酷な環境下で動作しなければならない場合も多く、一般的な設備寿命期間が適用できない場合も多くあると想定されます。そういった設備を更新する場合には、効率的で効果的な保守・管理ができる仕組みの工夫も必要となります。

(b) 問題例 2

○ ITS（Intelligent Transport Systems、高度道路交通システム）分野では、車両の安全装備の充実が図られ、様々な自動車の運転支援システムが実用化されている。今後は、さらに安全性と効率性を高めた高度な運転支援が期待されている。このような状況を考慮して、以下の問いに答えよ。（令和４年度－2）

(1) 運転支援システムにITS技術を活用することで、自動車交通の「安全性」と「効率性」を向上するに当たって、技術者としての立場で多面的な観点から３つ課題を抽出し、それぞれの観点を明記したうえで、その課題の内容を示せ。

(2) 抽出した課題のうち最も重要と考える課題を１つ挙げ、その課題に対する複数の解決策を示せ。

(3) 前問(2)で示したすべての解決策を実行しても新たに生じうるリスクとそれへの対策について、専門技術を踏まえた考えを示せ。

《解答を考えるためのポイント》

自動運転に関しては第７章で自動運転レベルの定義を紹介していますが、令和５年になると自動運転レベル４の試みが現実的になってきます。そのためには、高度道路交通システムの高度化も併せて求められます。しかし、一気にすべての自動車が自動運転になることはないため、従来自動車と高度運転支援を備えた自動車が混在することになります。そういった際の安全性の確保は技術的に難しい問題といえます。また、通信インフラの介在がそういった運転には欠かせませんが、最近でも移動体通信の障害が長時間生じて社会問題となった事例がありました。そういった際に発生する問題点と、そのような状況下での安全性の確保方策や、早期に復旧できるようにする仕組みや、技術的対応までを含めて検討をする必要があります。

(c) 問題例 3

> ○ 街路照明や建造物等への景観照明は、都市の魅力ある夜間景観を作るうえで大きな役割を果たしている。これらの照明を行う場合、対象物や地域の景観特性に応じた光の在り方を検討し、地域の個性を生かしていくことが望まれている。このような状況を踏まえ、電気電子分野の技術者として、以下の問いに答えよ。（令和３年度－1）
>
> (1) 街路照明や景観照明に関する課題を、技術者として多面的な観点から3つ抽出し、それぞれの観点を明記したうえで、課題の内容を示せ。
>
> (2) 抽出した課題のうち最も重要と考えられる技術的課題を１つ挙げ、その課題に対する複数の解決策を示せ。
>
> (3) すべての解決策を実行しても新たに生じるリスクとそれへの対応策について専門技術を踏まえた考えを示せ。

《解答を考えるためのポイント》

これまでは、防犯を主な目的とする街路照明の計画がなされてきました。最近では、都市の景観の観点から景観照明も注目され、さまざまな計画が実施されてきました。しかし、ゼロカーボンを目指す社会においては、長時間使用される照明は、電力負荷として省エネルギーの対象と考える必要があります。そういった社会環境はあるものの、第６章で示しているとおり、都市の安全や一人ひとりの多様な幸せ（well-being）の観点からの照明の価値も無視できなくなってきています。このような社会環境の下で、両者をバランスさせながら技術的に理想的な方向性を模索する姿勢は不可欠です。それには、照明器具個々の技術だけではなく、エネルギー管理や制御技術も含めて、複合的な技術の組合せや仕組みの構築までを検討し、解答としてまとめていく姿勢が必要です。

(d) 問題例 4

> ○ 東日本大震災以降、再生可能エネルギーや廃熱などの未使用エネルギーを最大限導入し、コージェネレーションなどを利用して電力と熱を供給するエネルギーネットワークの事業化が進められている。このような状況を考慮して、以下の問いに答えよ。(令和3年度−2)
>
> (1) 電気エネルギーと熱エネルギーを組合せて利用することで特定地域の省エネ・低炭素化を実現するに当たって、技術者としての立場で多面的な観点から3つ課題を抽出し、それぞれの観点を明記したうえで、課題の内容を示せ。
>
> (2) 抽出した課題のうち最も重要と考える課題を1つ挙げ、その課題に対する複数の解決策を示せ。
>
> (3) すべての解決策を実行しても新たに生じうるリスクとそれへの対策について、専門技術を踏まえた考えを示せ。

《解答を考えるためのポイント》

エネルギーに関しては第4章で現状と今後の動向について示していますが、ゼロカーボンを実現するためには、1つの再生可能エネルギー技術だけに頼るのではなく、二次エネルギーである電気と熱を効率よく活用して、地域のなかのベストミクスを考えていく必要があります。そのためには、対象の地域の特性を知ることが第一歩となります。その地域にはどういったシーズがあるのかを知るとともに、どういったニーズがあるのかも知る必要がありますし、見落とされているエネルギー資源の発掘も必要となります。そういった点において、経済的な視点を持って地域の特性を考えていかなければ、現実的な解は見つからないのはいうまでもありません。ただし、地域の特性を考える場合に、対象地域の近隣までを含めた、少し俯瞰的な視点を加えなければ、視野の狭い解答に留まってしまう危険性がありますので、注意する必要があります。

(3) 電子応用

電子応用では、電子デバイスや電子回路単体を対象とした問題ではなく、電子システムの社会実装の点から問題が作成されているのがわかります。そういった点で、本著で紹介した現在の社会の実態や目指す方向を加味した解答の作成ができれば、点を伸ばすことができると考えます。

(a) 問題例 1

○　我が国の社会インフラは高度経済成長期に集中的に整備され、建設後50年以上経過する施設の割合が今後加速度的に高くなる見込みである。令和3年版国土交通白書によると、建設後50年以上経過する道路橋梁の割合は、2033年には約63％に到達する見込みである。老朽化する道路橋梁の当面の維持管理対策として近接目視による点検作業の高度化が進められている一方で、それらを補完するためのIoTやICT技術を活用した無人のヘルスモニタリングにも高い関心が寄せられている。このような状況を踏まえて、電子応用分野の技術者として、以下の問いに答えよ。(令和4年度－1)

(1)　老朽化する道路橋梁のヘルスモニタリングをIoTやICT技術を活用して推進するに当たり、電子応用技術者としての立場で多面的な異なる観点から課題を3つ抽出し、それぞれの観点を明記したうえで、課題の内容を示せ。

(2)　前問(1)で抽出した課題のうち最も重要と考える課題を1つ挙げ、その課題に対する複数の解決策を、専門技術用語を交えて示せ。

(3)　前問(2)で示した解決策に共通して新たに生じうるリスクとそれへの対策について述べよ。

《解答を考えるためのポイント》

インフラの老朽化は第7章でも示したとおり広範囲にわたっており、すべての施設の更新を行うのは、不可能な状況と考える必要があります。そのため、更新ではなく、できるだけ長く安全に使うための技術的な工夫が求められています。それを電子応用の視点で考えさせる問題です。しかし、電子応用の多くの技術者は、橋梁などのインフラの特性を十分に理解しているわけではありませんので、最も必要なデータが何かを知らない可能性があります。そのため、どんなデータが必要で、どういった判断基準があるのか、から考えていかなければなりません。また、それらが理解できたとして、常時、人による監視・管理ができるわけではありませんので、AI技術などの活用も考える必要があります。維持管理に効果的なデータを集中的に集め、効率的に判断を行うためには、何を工夫しなければならないかをしっかりと考えることが大切です。

(b) 問題例2

○ 各地の名物・特産品を自宅に居ながら味わえるようになった一方で、旅行や観光に出かけたいという需要も増えている。個人消費は所有するモノの購入だけでなく、記憶に残る体験や五感を通した心の豊かさ、充実した時間への支出にも向けられている。いわゆるコト消費は日常と異なる空間に身を置くことが多いことから、感染症が蔓延した移動制限下ではその対策と継続的なサービス提供との両立が求められている。このような状況を踏まえて、電子応用分野の技術者として、以下の問いに答えよ。(令和4年度−2)

(1) 移動制限下の旅行・観光において、感染症対策と継続的なサービス提供を両立するに当たり、電子応用技術者としての立場で多面的な異なる観点から課題を3つ抽出し、それぞれの観点を明記したうえで、課題の内容を示せ。

(2) 前問(1)で抽出した課題のうち最も重要と考える課題を1つ挙げ、

その課題に対する複数の解決策を、専門技術用語を交えて示せ。
(3)　前問(2)で示した解決策に共通して新たに生じうるリスクとそれへの対策について述べよ。

《解答を考えるためのポイント》

これからの生活を変えていく技術に関しては第6章で示していますが、情報技術を使って、これまでにはない生活パターンや人生の楽しみ方が広がっていくことが想定されています。特に高齢者等で通常の生活が難しい人たちも同様に楽しめる工夫は必要となります。それを実現させるためには、実際に楽しみを体感する人たちだけではなく、サービスを提供する側においても、ビジネスとしての利益を享受できるための工夫が必要となります。ただし、現実（リアル）とバーチャルの差が存在することも事実ですので、リアルな体験では感じられないようなサービスの提供もできていないと、感染症などのパンデミックが過ぎ去ってしまうと、そのサービスはすたれていく結果になりかねません。そういった点で、継続性のあるサービスを実現するために、何を追求しなければならないかを電子応用の視点で示していくことが望まれます。

(c) 問題例 3

○　2018年、経済産業省製造産業局及び国土交通省航空局により「空の移動革命に向けた官民協議会」が発足し、離島や山間部での移動の利便性の向上、災害時の救急搬送や物資輸送の迅速化など新しいサービスの展開や各地での課題の解決に向けた議論が行われている。また自動運転の実用化により、運転免許を持たない人のための移動手段としての活用も考えられている。そこで、この移動手段（エアモビリティ）を安全に効率よく動かし、人間と社会の両方が大きな福利を得ることが求められている。(令和3年度－1)
(1)　それらのトラフィック（交通量）を、道路と空域の両方にスマートに割り当てることに関連する技術を具体的に挙げて、電子応用の技術者としての立場で多面的な観点から３つ課題を抽出し、それぞれの観点を明記したうえで、課題の内容を示せ。

(2)　前問(1)で抽出した課題のうち最も重要と考える課題を１つ挙げ、その課題の解決策を３つ示せ。

(3)　前問(2)で示したすべての解決策を実行して生じる波及効果と専門技術を踏まえた懸念事項への対応策を示せ。

《解答を考えるためのポイント》

自動運転に関しては第７章に示していますが、エアモビリティに関しては本著では説明していません。エアモビリティに関しては、経済産業省を中心に研究開発や実証実験、法整備などのルール制定などが進められています。その中でも安全性に関する事項への対応が強く求められますので、そういった点での電子応用分野の課題は多くあると考えられます。当然、これまで活用されている航空機との競合を避けるために、低高度空域での活用が条件となると考えますが、低高度空域での地上対象物への対策や、他のエアモビリティとの相互関係の確保や、制御を担う無線通信技術の高速化などに関しても電子応用技術の活用が欠かせないといえます。そういった点では既存インフラとの関係性なども考慮した検討が求められる事項といえます。

(d)　問題例４

○　高齢化する日本に適合する新しい産業は、人がものに合わせる技術からものを人に合わせる技術をベースにした新しい産業、言い換えれば、個々人からの個別要求に応えることのできる人間親和型システム産業を育成する必要がある。(令和３年度－2)

(1)　人間親和型システム産業の課題を電子応用の技術者としての立場で多面的な観点から３つ抽出し、それぞれの観点を明記したうえで、課題の内容を示せ。
(2)　前問(1)で抽出した課題のうち最も重要と考える課題を1つ挙げ、その課題の解決策を3つ示せ。
(3)　前問(2)で示したすべての解決策を実行して生じる波及効果と専門技術を踏まえた懸念事項への対応策を示せ。

《解答を考えるためのポイント》

高齢化については第7章で示していますが、超高齢社会における産業や社会に関する新たな技術に関しては第6章で示した内容を参考に検討するとよいと思います。少なくとも、現在目指しているのは人間中心の社会（Society）ですし、一人ひとりが多様な幸せ（well-being）を実現できる社会ですので、それを実現するために電子応用技術が担う範囲は広いと考えられます。人間親和型システムとしては、情報機器だけに限らず、家庭用製品などの制御やインターフェイスに関して、多くの視点で検討を行って解答を作成することが望まれます。検討に際しては、安全工学だけではなく、人間工学や心理学的な面も含めて検討する必要があります。

(4) 情報通信

情報通信では、情報通信を活用した新たなシステムや仕組みについての課題を示す問題が主に出題されています。扱っているテーマの専門性が強いので、本著で紹介した現在の社会の実態や目指す方向を加味して問題の分析を行い、その結果で解答の作成ができれば、点を伸ばすことができると考えます。

(a) 問題例1

○　O–RAN（Open Radio Access Network）Alliance、ONF（Open Networking Foundation）などの業界団体において、ネットワーク機器仕様のオープン化、仮想化に向けた活動が進められている。これらの活動を受け、キャリアネットワークなどの大規模なネットワークにおいてもオープン化された機器の導入が始まりつつある。従来は、ネットワーク機器を製造するサプライヤが自社機器を中心に機器選定を行ったうえでシステムの構築を行い、ユーザであるオペレータに提供するケースが多かった。これに対し、オペレータ自身が複数のサプライヤ候補から仕様がオープン化された機器を選定し、システム構築を主導するケースが増えつつある。このような状況を踏まえて、情報通信分野の技術者として以下の問いに答えよ。(令和４年度－1)

(1)　オペレータ自身がオープン化された機器を用いてシステム構築を行うケースが増えつつある理由を述べよ。また、オープン化された機器を用いてシステム構築を行うに当たっての課題を多面的な観点から3つ抽出し、それぞれの観点を明記したうえで、課題の具体的な内容を示せ。(＊)

(＊) 解答の際には必ず観点を述べてから課題を示せ。

(2)　前問(1)で抽出した課題のうち最も重要と考える課題を１つ挙げ、重要と考えた理由を示したうえで課題に対する複数の解決策を、専門技術用語を交えて示せ。

(3)　前問(2)で提案したすべての解決策を実施しても新たに生じうるリスクとそれへの対策について、専門技術を踏まえた考えを述べよ。

《解答を考えるためのポイント》

この問題は、情報通信業界が切望していた内容を背景に、情報通信分野における新たな動きに関する問題です。そのため、本著で扱っている内容（社会的背景）の中には、具体的な記述がありませんが、解答を検討する際には、本著の社会的背景を念頭に置いて検討することが必要です。そういった点では、応用能力問題に近い性質を持っていますし、「専門技術用語を交えて示せ。」という小設問の問いから、専門知識問題の性質を持った問題といえます。なお、この動きは、情報通信分野における広い範囲に影響を及ぼしますので、自分の専門分野に限らず、情報通信分野が活用できる分野全般について、俯瞰的な視点で解答を検討する必要があります。

(b) 問題例2

> ○「ポストコロナ」時代における新しい働き方としてテレワークが定着しつつある。この流れは、設計・開発・生産・販売・需給調整などを担う製造業（原材料などを加工することによって製品を生産・提供する産業）も同様で、国内外の設計拠点、製造拠点を含むあらゆる部門が連携してテレワークやリモート化が進められている。そこでは、セキュリティに重点を置いたニューノーマルものづくり（設計）スタイル（環境）として、情報通信技術と他分野の技術との融合が求められている。このような状況を踏まえ、情報通信ネットワーク分野の技術者としての立場で、以下の問いに答えよ。（令和4年度−2）
>
> (1)　ニューノーマルものづくりスタイルの実現を加速化するうえで必要となる基本的な課題がある。それらの課題を、多面的な観点から3つ抽出し、それぞれの観点を明記したうえで、その課題の内容を示せ。（*）
>
> （*）解答の際には必ず観点を述べてから課題を示せ。
>
> (2)　前問(1)で抽出した課題のうち最も重要と考える課題を1つ挙げ、その課題に対する複数の解決策を、専門技術用語を交えて示せ。
>
> (3)　前問(2)で示したすべての解決策を実行して生じる波及効果と専門技術を踏まえた懸念事項への対応策を示せ。

《解答を考えるためのポイント》

社会的な構造変化に関しては第7章で示していますので、その内容を頭に入れて解答を検討するとよいと思います。テレワークも、働き方における大きな変化の1つですが、製造業においては、そういった動きが遅かったのも事実です。その理由を検証しながら、ニューノーマルものづくりの課題と方向性について考える必要があります。実際、現在は大きな社会変化が顕在化していますが、それだからといって、既存の設備や人の慣れ親しんできた社会慣習が簡単に変化するわけではありません。そこには何らかのインセンティブや強い作用が働く必要があります。そういった点で、単に技術的な視点だけで解答を考えていたのでは、作問をした人の意図をくみ取ることは難しいといえますので、広い視野からの解答を考える必要があります。

(c) 問題例 3

○ インクルーシブな社会は、誰もが構成員の一員として、性別・国籍・障がいの有無などで分け隔てられることのない（例えば、障がい者だけに向けたものとは限らない、誰にでも有益な）社会の実現を目指すものである。そうした中で様々なDX（Digital Transformation）の取組が進められており、情報通信技術への期待が高まっている。このような状況を踏まえて、情報通信ネットワーク分野の技術者としての立場で、以下の問いに答えよ。（令和3年度－1）

(1) インクルーシブな社会の実現を加速化するうえで、情報通信技術を導入する際に必要となる、様々なDXの取組の根底に共通する課題がある。それらの課題を、多面的な観点から3つ抽出し、それぞれの観点を明記したうえで、その課題の内容を示せ。

(2) 前問(1)で抽出した課題のうち最も重要と考える課題を1つ挙げ、その課題に対する複数の解決策を、専門技術用語を交えて示せ。

(3) 前問(2)で示したすべての解決策を実行しても新たに生じうるリスクとそれへの対策について、専門技術を踏まえた考えを示せ。

《解答を考えるためのポイント》

社会構造変革に関しては第7章で示していますので、この内容を頭に入れて解答を検討することが必要です。そういった点で、インクルーシブな社会に対する認識を明確にしてから内容を検討することが必要となります。また、情報通信技術は、インクルーシブな社会の実現に向けて、効果を発揮するのは間違いありません。一方、デジタルトランスフォーメーション（DX）に関しては第6章で示していますが、その目的については、さまざまな考え方の違いもあるようですので、何を目的としているのかをしっかり認識して書き始めないと、出題者の意図と外れる危険性があります。ですから、DXの目的を考えながら共通する課題についての検討を行う必要があります。

(d) 問題例4

○　快適なドライブ環境を整えるために、ETC（Electronic Toll Collection System）、VICS（Vehicle Information and Communication System）、カーナビゲーションなど運転者にとって便利なツールが開発されている。それぞれは運転を支援するものである。将来、さらに安心かつ安全で快適なドライブ環境を構築するためには車車間通信が有望な施策として取り上げられている。車車間通信を新たな社会システムとして導入するに当たって次の問いに答えよ。(令和3年度－2)

(1)　車車間通信の普及・利用を推進するための課題を、技術者として多面的な観点から3つ抽出し、それぞれの観点を明記したうえで、その課題の内容を示せ。

(2)　上記の3つの課題から最も重要と考える課題を1つ挙げ、その課題の解決策を3つ、専門技術用語を交えて示せ。

(3)　前問(2)で示したすべての解決策を実行しても新たに生じうるリスクとそれへの対策について、専門技術を踏まえた考えを示せ。

《解答を考えるためのポイント》

自動運転や道路に関しては第7章で示していますし、最新の技術に関しては第6章で示しています。この問題では車車間通信を社会システムとして導入するための課題となっていますので、単に技術的な内容だけにとどまらず、社会インフラとして具備すべき仕組みなどを考慮する必要があります。具体的には、電力システムや通信システムなどに内在する課題と同様と捉えて、他のシステムのこれまでの経験から内容を検討すると効果的な答案の作成ができると考えます。特に長期間、24時間・365日稼働するという条件で使用されるシステムですので、どういった点に考慮しなければならないか、安全性・経済性の面でどういった点を深く検討する必要があるのかなど、より俯瞰的な視点で考えて解答を作成することが求められます。

(5) 電気設備

電気設備では、建築物、都市とそれを取り巻く環境を対象にした問題が中心に出題されています。目新しい事項というよりは、これまでも業務で考えていた内容についての出題も多く、実務的な内容が出題されていますので、自分の技術力を示す問題と考えて解答する必要があります。

(a) 問題例1

○ 我が国は、産業の集積による労働生産性の向上、都市機能の充実による生活の利便性、多様な文化の魅力による活発な交流人口により、大都市圏に人口が集中している。しかし、市民生活環境、都市活動環境、大規模災害発生時の機能不全などの弊害が危惧されている。(令和4年度−1)

(1) 上記を踏まえ、多極分散型国土の実現に向けて、電気設備分野の技術者としての立場で多面的な観点から3つの課題を抽出し、それぞれの観点を明記したうえで、その課題の内容を示せ。

(2) 前問(1)で抽出した課題のうち最も重要と考える課題を1つ挙げ、その課題に対する複数の解決策を、専門技術用語を交えて示せ。

(3) 前問(2)で示したすべての解決策を実行しても新たに生じうるリスクとそれへの対策について、専門技術を踏まえた考えを示せ。

《解答を考えるためのポイント》

この問題は、最近発生した災害時の都市における課題を反映して出題された問題といえますが、基本的には電気設備分野においては普遍的に考えなければならない問題を扱っていると考えられます。災害については第5章で説明してますが、第7章の社会構造変革の内容も加味して解答を考える必要があります。また、再生可能エネルギーの利用や、エネルギーの地産地消の観点を加えるとすると、第4章の内容も無視できません。ただし、我が国では災害はどこで起きても不思議ではないほど、地域の特性からその地域に発生しやすい災害が必ず存在します。そういった点で、多極分散型国土の実現においては、地域の自然特性や地域特性、技術や建築構造で防げる危害などの方策なども考慮して、解答を検討する必要があります。

(b) 問題例2

○　近年、国内外で様々な気象災害が発生しており、個々に気候変動問題との関係を明らかにすることは容易ではないが、国内においても自然生態系の他、産業・経済活動等に影響が出ると指摘されている。気候変動の原因となっている温室効果ガスは、生活起因の排出量が我が国全体の過半を占めるという分析もあり、あらゆる主体が削減に取り組む必要があり、ビジネス・商業エリアでは脱炭素化が進められている。（令和4年度－2）

(1)　上記を踏まえ、地域脱炭素への移行・実現に向けた取組を加速させるため、電気設備分野の技術者としての立場でエネルギー利用についての課題を多面的な観点から3つ抽出し、それぞれの観点を明記したうえで、その課題の内容を示せ。

(2)　前問(1)で抽出した課題のうち最も重要と考える課題を1つ挙げ、その課題の解決策を3つ、専門技術用語を交えて示せ。

(3)　前問(2)で示したすべての解決策を実行して生じる波及効果と専門

技術を踏まえた懸念事項への対応策を示せ。

《解答を考えるためのポイント》

環境問題に起因する災害やエネルギーに関する状況などを背景にした問題ですので、第3章の環境、第4章のエネルギー、第5章の災害の内容すべてを考慮して解答を検討すべき問題といえます。ただし、問題の主ポイントはエネルギーですので、再生可能エネルギーを主力電源とする今後のエネルギー政策を考慮した解答を作成する必要があります。電気設備においては、これまで省エネルギーに関しては常に検討して業務を行ってきていましたが、これからは施設全体で再生可能エネルギーの利用を考えるのは当然として、今後は、エネルギーの地産地消という観点から、地域における電気と熱の共同利用を考えることが求められます。また、地域における未利用エネルギーの活用策や、水素などの環境にやさしい燃料等の活用などを前提に、地域熱電供給などの共生の方策を考えて解答を検討することが大切です。

(c) 問題例3

○ 我が国では、人口が2010年をピークに減少に転じ今後もこの傾向が続くと予想される中、国の成長力を維持するための生産性の向上が求められており、電気設備分野においても生産性向上対策の議論が活性化している。また、電気設備分野を含めた建設業界では、建築物や建築設備の複雑さや高機能化に伴い設計・施工・管理業務・保全業務などの繁忙度が高まることで時間に追われる感覚や建設現場特有の作業環境などが敬遠され、担い手確保に向けての働き方改革が求められている。(令和3年度－1)

(1) 上記を踏まえ、電気設備分野を含めた建設業界を魅力あるものにしていくため、業界の働き方改革を伴う生産性向上を達成させるための課題を、電気設備分野の技術者として多面的な観点から3つ抽出し、それぞれの観点を明記したうえで、課題の内容を示せ。

(2)　抽出した課題のうち最も重要と考える課題を1つ挙げ、その課題の解決策を3つ示せ。

(3)　すべての解決策を実行しても新たに生じうるリスクとそれへの対策について、専門技術を踏まえた考え方を示せ。

《解答を考えるためのポイント》

この問題は、第7章に示した社会構造変革を背景にして、建設業界における課題を考えさせる問題です。なお、建設業界においては高齢化とともに廃業が続いており、建設業従事者の減少が大きな課題となってきています。それとともに、我が国では生産性の低さが問題となっていますが、その中でも建設業における生産性の低さが問題とされています。一方、超高齢社会においては、技術の伝承についても大きな問題となっています。このような状況に対して、ロボット技術の活用や、設備のユニット化・プレハブ化など、現場環境に影響を受けにくい工法の採用なども検討すべきです。場合によっては、建設業界で続いている慣習の打破なども考慮して、今後の目指すべき方向性を検討していく必要があります。

(d)　問題例4

○　オフィスにおける従業員の健康問題は、事業の継続や仕事のパフォーマンスに大きく影響を与えるため、各々が健康で活力に溢れ自己の能力を最大限に発揮できるように配慮することは、高付加価値を伴う結果を生み出すうえで非常に重要となっている。そして、オフィスビルでは、空間を構成する重要な要素である照明の面から、これらの取組が始まっている。(令和3年度－2)

(1)　上記を踏まえ、生活様式やワークスタイルの変化に対応した知的で創造性の高い業務を可能とするオフィス空間を提供するため、視環境改善についての課題を、電気設備分野の技術者として多面的な観点から3つ抽出し、それぞれの観点を明記したうえで、課題の内容を示せ。

(2) 抽出した課題のうち最も重要と考える課題を１つ挙げ、その課題の解決策を３つ示せ。

(3) すべての解決策を実行して生じる波及効果と専門技術を踏まえた懸念事項への対応策を示せ。

《解答を考えるためのポイント》

この問題は、電気設備分野においては普遍的な課題である照明に関する意見を求めるものです。その根底に、第７章に示した社会構造変革があるのは明白です。また、照明を考える場合には、第４章に示したエネルギーについて検討する必要があります。また、一人ひとりが多様な幸せ（well-being）を実現できる社会という条件を前提にしながら考えていく姿勢も求められています。さらに、我が国の生産性が低いという指摘がありますので、オフィスワークにおける生産性の向上の面でも、対応が必要な課題といえます。照明に関してのこれまでの手法である、オフィス全般を一定の基準で照明するという考え方自体も見直す必要があります。さらに、労働者の健康や精神面に良い影響を与える視環境の創造という点でも、新しい工夫を採り入れた解答が求められます。

おわりに

本著で取り上げた項目で、まったく目新しいと感じるものはなかったと思います。どれも新聞や雑誌等でよく見かける項目ばかりだったと思いますが、そういった資料から得られる断片的な知識だけでは、技術士第二次試験の答案として評価されるレベルにまでは内容が至りません。本著に示した内容を理解し、その上で自分の意見を作り上げていかなければ、合格レベルと評価される答案は作成できません。そういった点で、本著で整理した内容は、必須科目（Ⅰ）や選択科目（Ⅲ）の必修知識という捉え方をしてもらえればと思います。これから先、これらの知識を自分の考えとして昇華させていくためには、この必修知識を反芻し、自分のものとしていく必要があります。必修知識として頭の中に納まれば、必須科目（Ⅰ）で出題された問題における課題を、技術部門の観点から多面的な視点で示すことができるようになります。さらに、選択科目（Ⅲ）で出題された問題の課題も、自分の専門分野のより深い観点から多様な視点で分析できるようになります。

しかし、最終的には技術士第二次試験は論文試験ですので、文章で表現する力を身につける必要があります。受験者の中には、論文を書くという点について苦手意識を持っている人もいますが、技術士第二次試験論文は難しい内容を高等に見えるように書かせるのが目的ではありません。技術者ではない人を含めて、できるだけ広い範囲の人々に、コンサルタントとしての説明能力があるという点をアピールする力を問われているのです。特に、必須科目（Ⅰ）で問われている問題の答えは１つではありません。技術士として広い視野で検討を重ねて、それらの内容から論理的に自分の結論を示しているかどうかが問われているのです。これまで経験してきた教育課程や国家試験などで問われた内容は、正解は何かを見つけていくことでしたが、技術士第二次試験は結論を示すまでのプロセス自体を問われる試験なのです。そういった点で、本著に示された内容は、必須科目（Ⅰ）の目的である『技術部門全般にわたる問題解決能力及び課題遂行能力』を示すための必修知識であると考える必要があります。それを認識した上で、ここで示した内容全般を理解し、複合的な問題や課題を把握しながら、課題解決方策として何を示すべきかを考えてもらいたいと思います。

そして、最終的に重要な点は、それらをどれだけわかりやすく示せるかという能力です。この点については本著では説明していませんが、その力を身につけたいと考える読者は、ぜひ弊著『例題練習で身につく　技術士第二次試験論文の書き方　第6版』(日刊工業新聞社）を活用していただければと思います。この本は、技術士としての表現力を身につけることだけを目的に作られた本で、これまで多くの受験者に愛用されているものです。基本的に論文は難しく書くものではなく、わかりやすく書くものであるという点が理解できれば、苦手意識はなくなります。そういった能力が最も強く必要とされるのがこの必須科目（Ⅰ）です。

選択科目（Ⅱ）は受験者の専門とする事項に近い内容の基礎知識と応用能力、選択科目（Ⅲ）は選択科目に関する問題解決能力及び課題遂行能力を問う問題が出題されますので、自然に、論文を書く受験者と採点をする試験委員の間に専門家同士の会話という形で意思疎通が図られます。一方、必須科目（Ⅰ）の場合には、受験者と試験委員の間に意見の相違がでる場合も少なくありません。また、記述すべきであると試験委員が考えている内容と、受験者が記述した内容に不一致が生じる場合もあります。そういった際においても、的確に論理的な考察プロセスが示されており、課題遂行能力についてのわかりやすい説明がなされていれば、それが点数となって現れてきます。技術士試験は、試験科目別の合格基準によって判定が行われる試験で、技術士第二次試験の判定基準も60％とそれほど高く設定されていません。ですから、本書の内容を理解した受験者が、わかりやすく説明できる能力を備えていれば、合格基準を超えるのはそんなに難しいことではありません。知識と経験に加えて、考える力と表現能力を身につけていれば、必須科目（Ⅰ）や選択科目（Ⅲ）はそれほど高い障壁にはなりません。そういった点を理解して、知識とともに考える力と表現力を身につける努力をしてもらえればと考えます。

最後に、公益社団法人日本技術士会では毎月多くの例会が開催されており、専門が異なる技術士同士が相互に刺激し合って勉強を続けています。読者の皆様と、そういった場所で、共に研鑽が積める日が早期に来ることを期待しております。また、本著を出版する機会を与えてくださった日刊工業新聞社編集部の鈴木徹氏とスタッフの皆様に対し、深く感謝いたします。

2023年1月

福田　遵

〈著者紹介〉
福田　遵（ふくだ　じゅん）

技術士（総合技術監理部門、電気電子部門）
1979年3月東京工業大学工学部電気・電子工学科卒業
同年4月千代田化工建設㈱入社
2000年4月明豊ファシリティワークス㈱入社
2002年10月アマノ㈱入社、パーキング事業部副本部長
2013年4月アマノメンテナンスエンジニアリング㈱副社長
2021年4月福田遵技術士事務所代表
公益社団法人日本技術士会青年技術士懇談会代表幹事、企業内技術士委員会委員、神奈川県技術士会修習委員会委員などを歴任
日本技術士会、電気学会、電気設備学会会員
資格：技術士（総合技術監理部門、電気電子部門）、エネルギー管理士、監理技術者（電気、電気通信）、宅地建物取引士、認定ファシリティマネジャー等
著書：『例題練習で身につく技術士第二次試験論文の書き方　第6版』、『技術士第二次試験「口頭試験」受験必修ガイド　第6版』、『技術士第二次試験「電気電子部門」過去問題〈論文試験たっぷり100問〉の要点と万全対策』、『技術士第二次試験「建設部門」過去問題〈論文試験たっぷり100問〉の要点と万全対策』、『技術士第二次試験「機械部門」過去問題〈論文試験たっぷり100問〉の要点と万全対策』、『技術士第一次第二次試験「電気電子部門」受験必修テキスト　第4版』、『技術士第一次試験「基礎科目」標準テキスト　第4版』、『技術士第一次試験「適性科目」標準テキスト　第2版』、『技術士第一次試験「電気電子部門」択一式問題200選　第6版』、『技術士第二次試験「総合技術監理部門」標準テキスト　第2版』、『技術士第二次試験「総合技術監理部門」択一式問題150選＆論文試験対策　第2版』、『トコトンやさしい電線・ケーブルの本』、『トコトンやさしい電気設備の本』、『トコトンやさしい発電・送電の本』、『トコトンやさしい熱利用の本』（日刊工業新聞社）等

技術士第二次試験「電気電子部門」
論文作成のための必修知識　NDC 507.3

2023年2月10日　初版1刷発行　（定価は，カバーに表示してあります）

©著　者　福　田　遵
発行者　井　水　治　博
発行所　日　刊　工　業　新　聞　社
東京都中央区日本橋小網町 14-1
（郵便番号 103-8548）
電話　書籍編集部　03-5644-7490
販売・管理部　03-5644-7410
FAX　03-5644-7400
振替口座　00190-2-186076
URL　https://pub.nikkan.co.jp/
e-mail　info@media.nikkan.co.jp
印刷・製本　美研プリンティング

落丁・乱丁本はお取り替えいたします。　2023 Printed in Japan

ISBN 978-4-526-08256-6